高职高专机械设计与制造专业规划教材

模具拆装与测绘
(第 2 版)

杨海鹏　主　编

清华大学出版社

北 京

内 容 简 介

　　本书紧贴行业实际，系统地讲述模具设计与制造及相近专业学生必须掌握的模具拆装、测绘与维修等内容，具体包括：模具钳工工具与使用技巧、模具检测量具与使用技巧、模具零件测量、模具基础知识、冲压模的拆装与测绘、塑料模具的拆装与测绘、模具钳工基本操作、模具的修理与组织以及模具拆装与测绘实训。每章均附有思考与练习习题以供学生复习与练习使用，从而加深学生对知识的理解，拓展并提高学生的技能。

　　本书取材于生产和教学环节，内容由浅入深、通俗易懂，实例和图片丰富，可作为高职高专院校模具设计与制造专业、材料成型专业及相近专业的实训教材，也可作为本科院校、成人高等学校及中等职业技术学校的实训教材。

图书在版编目(CIP)数据

　　模具拆装与测绘/杨海鹏主编. --2 版. --北京：清华大学出版社，2016 (2022.6重印)

　　(高职高专机械设计与制造专业规划教材)

　　ISBN 978-7-302-41432-2

　　Ⅰ. ①模… Ⅱ. ①杨… Ⅲ. ①模具—装配(机械)—高等职业教育—教材 ②模具—测绘—高等职业教育—教材 Ⅳ. ①TG76

　　中国版本图书馆 CIP 数据核字(2015)第 209440 号

责任编辑：陈冬梅　　杨作梅
装帧设计：杨玉兰
责任校对：王　晖
责任印制：刘海龙

出版发行：清华大学出版社
　　　　　网　　址：http://www.tup.com.cn, http://www.wqbook.com
　　　　　地　　址：北京清华大学学研大厦 A 座　　　邮　　编：100084
　　　　　社 总 机：010-83470000　　　　　　　　邮　　购：010-62786544
　　　　　投稿与读者服务：010-62776969, c-service@tup.tsinghua.edu.cn
　　　　　质量反馈：010-62772015, zhiliang@tup.tsinghua.edu.cn
　　　　　课件下载：http://www.tup.com.cn, 010-62791865
印 刷 者：北京富博印刷有限公司
装 订 者：北京市密云县京文制本装订厂
经　　销：全国新华书店
开　　本：185mm×260mm　　　印　张：15.5　　　字　数：365 千字
版　　次：2009 年 4 月第 1 版　2016 年 1 月第 2 版　　印　次：2022 年 6 月第 7 次印刷
定　　价：43.00 元

产品编号：059978-02

前　　言

　　模具工业是国民经济发展的重要基础工业之一，也是一个国家加工制造业发展水平的重要标志。

　　利用模具来生产零件的方法已成为工业上进行成批或大批生产的主要技术手段，模具对于保证制品的一致性和制品质量、缩短试制周期进而抢先占领市场，以及产品更新换代和新产品开发都具有决定性意义。一个地方制造业的发展离不开模具制造业的发展，模具制造水平的高低，已经成为衡量一个地区制造业水平的重要标志，在很大程度上决定了产品质量、创新能力和地区产业的经济效益。

　　制造业要发展，人才是关键。尽快拥有一批高技能人才和高素质劳动者，是先进制造业实现技术创新和技术升级的迫切要求，而高等职业教育则担负着培养高技能人才的根本任务。中国打造"世界工厂"，为中国高等职业技术教育的发展带来难得的机遇和艰巨的挑战。

　　笔者在指导学生进行模具拆装与测绘实训过程中，深感实训环节的重要性，但这方面缺乏合适的教材和参考书，教师教和学生学都遇到了不少问题和困难。为此，笔者组织江门职业技术学院、罗定职业技术学院及江门大长江集团荣盛模具有限公司、君盛实业有限公司、广顺达电器有限公司等专业教师、模具制造企业技术人员，经过反复研讨，编写了这本适合当前教学改革、紧跟技术发展的高等职业院校模具拆装与测绘"校企合作"实训教材。本书较好地贯彻了职业性、实用性的编写原则，避免了大段的文字叙述及公式推导，提供了大量的图片与实例，图文并茂、讲练结合，具有明显的职教特色，这将有助于学生技能的训练和专业能力的提高。

　　本书由江门职业技术学院杨海鹏主编，具体分工如下：第4、5、6章由杨海鹏编写，第1、7章由罗定职业技术学院刘海庆编写，第2、9章由江门职业技术学院王涛编写，第3章由君盛实业有限公司张双全编写，第8章由广顺达电器有限公司瞿国年编写。

　　由于时间仓促，加之作者的知识水平有限，书中难免有错漏之处，期待广大读者批评指正，以便下次修订时改正。

　　本书提供课程标准、教学计划、电子教案及课后练习答案，有需要的读者可登录清华大学出版社网站下载。

编　者

目 录

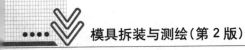

第 1 章　模具钳工工具与使用技巧

在模具制造、维修及拆装过程中经常要使用各种钳工工具，如紧固工具、夹紧工具、划线工具、抛光工具等手用工具。熟练、灵活地运用这些工具是提高生产效率、提高装配及维修质量的有效手段。

1.1　模具钳工的工作范围与操作安全

模具钳工与设备维修钳工、工具钳工的基本技能要求一致，所用工装夹具部分是相同的，但他们的工作范围以及核心职业技能是不相同的。

1.1.1　模具钳工的工作范围

模具钳工是利用虎钳及各种手工工具、气动工具、电动工具、钻床及制造模具的专用设备，通过一定的技术操作，完成机械加工不能完成的工作，并将加工好的零部件通过修整、配研装配成整套合格模具，另外也进行模具的维修与改造。

要成为一名合格称职的模具钳工，必须具备以下能力。

(1) 熟练使用各种钳工工具及零件测量量具。

(2) 熟悉模具的结构和工作原理。

(3) 了解模具零件、标准件的技术要求和制造工艺。

(4) 熟练掌握模具零件的钳工加工方法和模具的装配方法。

(5) 熟悉模具所使用的设备及模具的安装。

(6) 掌握制品成型工艺与设备调试方法。

(7) 掌握模具的维护、保养及维修、改造。

1.1.2　模具钳工的安全操作

所有工种和工作岗位在工作过程中都必须要注意安全，只有在安全的情况下才能保证正常生产。模具钳工的安全操作应注意下面几点。

(1) 工作场地要保持整齐清洁，所用工具和要加工的零件、毛坯、原材料等的放置要有顺序，并整齐稳固，以保证操作中的方便与安全。

(2) 使用的机床、工具要经常检查，发现损坏或故障时应立即停用，待维修好后再用。

(3) 在钳工工作中，清除铁屑时要用刷子，不要用嘴吹或用手去清除，以防铁屑飞入眼中或割伤手指。

(4) 严格遵守电气设备的安全操作规程，防止触电造成人身事故。

(5) 在进行某些操作时必须戴好防护用具，如眼镜、手套、胶鞋等，如发现防护用具失效，应立即修补或更换。

1.2 紧固工具与使用技巧

在各种机械、模具的安装与维修中，要使用各种各样的工具，本节主要介绍常用的手工工具及其使用方法和技巧。

1.2.1 扳手

扳手的类型有许多种，图 1-1 所示为机械行业中钳工常用的几种扳手。

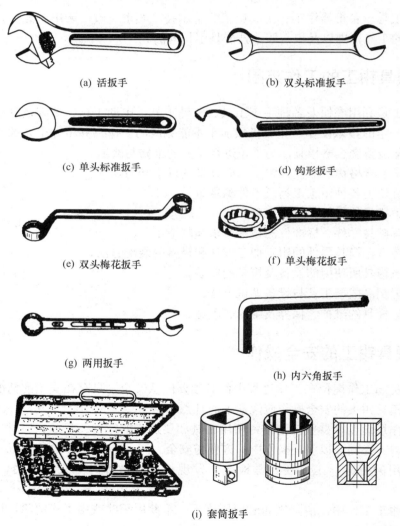

(a) 活扳手   (b) 双头标准扳手

(c) 单头标准扳手   (d) 钩形扳手

(e) 双头梅花扳手   (f) 单头梅花扳手

(g) 两用扳手   (h) 内六角扳手

(i) 套筒扳手

图 1-1 各式扳手

1. 活扳手(GB/T 4440－1998)

活扳手的开口宽度可以调节，按最大开口宽度分为 13、18、24、30、36、46、55、65(单位：mm)8 种。该扳手通用性强，使用广泛，主要用于拧紧或松开一定尺寸范围内的六角头或方头螺栓、螺钉和螺母。但使用不是很方便，拆卸与安装效率低，不适合专业生产与安装，形状如图 1-1(a)所示。

2. 标准扳手(呆扳手)(GB/T 4388－1995)

标准扳手有双头标准扳手和单头标准扳手两种，如图 1-1(b)和(c)所示。规格以头部开口宽度的尺寸来表示，如 8(单头)mm、6×7(双头)mm 等；有单件使用，也有成套配置，用于拧紧或松开具有一种或两种规格尺寸的六角头及方头螺栓、螺钉和螺母。这种扳手在螺母或螺栓的工作空间足够大时使用起来非常方便和顺手，拆卸与安装效率高，在专业生产与安装场合应用较普遍。

3. 钩形扳手(月牙扳手)

钩形扳手专门用来紧固或拆卸机床、车辆或模具等机械设备上的开槽圆螺母。扳手的规格以长度来表示，形状如图 1-1(d)所示。

4. 梅花扳手(GB/T 4388－1995)

梅花扳手有双头梅花扳手和单头梅花扳手两种，形状如图 1-1(e)和(f)所示。规格以螺母六角头头部对边距离来表示，有单件，也有成套配置，用于拧紧或松开六角头及方头螺栓、螺钉和螺母，特别适用于工作空间狭窄、位于凹处、不能容纳双头标准扳手的工作场合。

5. 两用扳手(GB/T 4388－1995)

两用扳手一端与单头呆扳手相同，另一端与梅花扳手相同，两端使用相同规格的螺栓或螺母，折卸与安装效率高，形状如图 1-1(g)所示。

6. 内六角扳手(GB/T 5356－85)

内六角扳手的规格以内六角螺栓头部的六角对边距离来表示，是专门用来紧固或拆卸内六角螺栓的工具，有公制(米制)和英制两种。公制规格有 1.5(螺栓 M2)、2(螺栓 M2.5)、2.5(螺栓 M3)、3(螺栓 M4)、4(螺栓 M5)、5(螺栓 M6)、6(螺栓 M8)、8(螺栓 M10)、10(螺栓 M12)、12(螺栓 M14)、14(螺栓 M16)、17(螺栓 M20)、19(螺栓 M24)、22(螺栓 M30)、27(螺栓 M36)。内六角扳手的形状如图 1-1(h)所示。

常用的几种内六角扳手与螺栓头的配合应记牢，如 4、5、6、8、10、12、14、17、19。

另外，还有内六角花形扳手，其柄部与内六角扳手相似，是拆卸内六角花形螺栓的专用工具。

7. 套筒扳手

套筒扳手的套筒头规格以螺母或螺栓的六角头对边距离来表示，分为手动和机动(电动、气动)两种类型，以成套或单件形式供应。套筒扳手由各种套筒头、传动附件和连接件组成。该扳手除具有一般扳手紧固或拆卸六角头螺栓、螺母的功用外，特别适用于各种特殊位置和维修与安装空间狭窄的地方，如螺钉头或螺母沉入凹坑中的情况。其形状如图 1-1(i)所示。

使用技巧:

使用扳手拧紧螺母或螺栓时，应选用合适的扳手，拧小螺栓(螺母)切勿用大扳手，以免滑牙而损坏螺纹。此外，应优先选用标准扳手或梅花扳手，由于这类扳手的长度是根据其对应的螺栓所需的拧紧力矩而设计的，因此长度比较合适。

操作时一般不允许用管子加长扳手来拧紧螺栓，但 5 号以上的内六角扳手允许使用长度合适的管子来接长扳手。拧紧时应注意防止扳手脱出，以免手或头等身体部位碰到设备或模具而造成人身伤害。

1.2.2 旋具(螺丝刀)

常用的螺钉旋具有一字形螺钉旋具、十字形螺钉旋具和多用螺钉旋具等，下面将分别介绍。

1. 一字形螺钉旋具(GB/T 10639-89)

一字形螺钉旋具又称螺丝批、螺丝起子、螺丝刀、改锥等，规格以"旋杆长度(不包含柄部长度)×口宽×口厚"表示，市场上习惯用"旋杆长度"表示。该种旋具用于拧紧或松开头部带有一字形沟槽的螺钉。木柄和塑料柄螺钉旋具分普通和穿心式两种。穿心式螺钉旋具能承受较大的扭矩，并可在尾部用手锤敲击。方形旋杆螺钉旋具能用相应扳手夹住旋杆扳动，以增大力矩。一字形螺钉旋具的形状如图 1-2 所示。

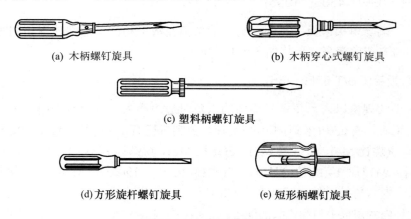

(a) 木柄螺钉旋具　　　　　　　　　(b) 木柄穿心式螺钉旋具

(c) 塑料柄螺钉旋具

(d)方形旋杆螺钉旋具　　　　　(e) 短形柄螺钉旋具

图 1-2　一字形螺钉旋具

2. 十字形螺钉旋具(GB/T 1064-89)

十字形螺钉旋具用于拧紧或松开头部带有十字形沟槽的螺钉，形式、规格和使用方法同一字形螺钉旋具相似，形状如图 1-3 所示。

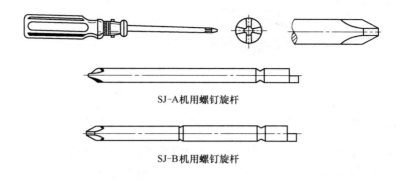

SJ-A机用螺钉旋杆

SJ-B机用螺钉旋杆

图 1-3　十字形螺钉旋具

3. 多用螺钉旋具

多用螺钉旋具用于拧紧或松开头部带有一字形或十字形沟槽的螺钉、木螺钉或钻木螺钉孔眼，并兼作测电笔用，形状如图 1-4 所示。

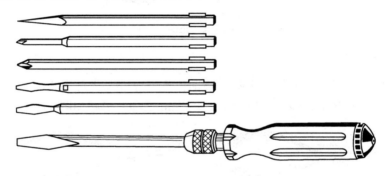

图 1-4　多用螺钉旋具

机用十字形螺钉旋具应用在电动、风动工具上，可大幅度提高生产效率。

使用技巧：

使用旋具要适当，对十字形槽螺钉尽量不用一字形旋具，否则不仅拧不紧甚至会损坏螺钉槽。一字形槽的螺钉要用刀口宽度略小于槽长的一字形旋具。若刀口宽度太小，不仅拧不紧螺钉，而且易损坏螺钉槽。对于受力较大或螺钉生锈难以拆卸的情况，可选用方形旋杆螺钉旋具，以便能用活扳手夹住旋杆扳动，增大力矩。

1.2.3　手钳类工具

手钳根据用途可以分为十余种，本节将重点介绍以下 5 种。

1. 钢丝钳(GB 6295.1－86)

钢丝钳的形式有带塑料套钢丝钳和不带塑料套钢丝钳，用于夹持、折弯薄片形、圆柱形金属零件及绑、扎、剪断钢丝，是钳工必备工具。规格以长度表示，有 160 mm、180 mm 和 500 mm 三种，形状如图 1-5 所示。

(a) 带塑料套钢丝钳

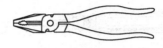

(b)不带塑料套钢丝钳

图 1-5　钢丝钳

2. 尖嘴钳(GB 6293.1－86)

尖嘴钳可以在较窄小的工作空间操作,用于夹持较小零件及绑、扎细钢丝。带刃尖嘴钳还可用于剪断金属细丝,是机械、仪表、电信器材等装配及修理工作常用的工具,形状如图 1-6 所示。

图 1-6　尖嘴钳

3. 挡圈钳(卡簧钳)

挡圈钳专供装拆弹性挡圈用,根据安装部位不同分别选择直嘴式或弯嘴式孔用挡圈钳或轴用挡圈钳,长度有 125 mm、175 mm、225 mm 三种,形状如图 1-7 所示。

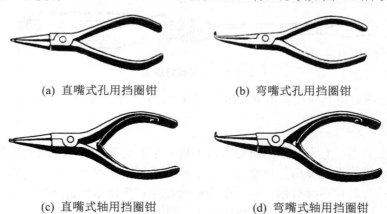

(a) 直嘴式孔用挡圈钳　　　　　　　(b) 弯嘴式孔用挡圈钳

(c) 直嘴式轴用挡圈钳　　　　　　　(d) 弯嘴式轴用挡圈钳

图 1-7　孔用及轴用挡圈钳

使用技巧:

安装挡圈时把挡圈钳的尖嘴插入挡圈孔内,用手用力握紧钳柄,轴用挡圈即可张开,内孔变大,此时可将轴用挡圈套入轴上挡圈槽内,然后松开;而安装孔用挡圈会使内孔变小,此时可放入孔内挡圈槽内,然后松开。挡圈弹性回复,即可稳稳地卡在挡圈槽内。拆卸挡圈的过程为安装时的逆顺序。

4. 管子钳(管子扳手)(GB 8406－87)

管子钳用于夹持、紧固、拆卸各种圆形钢管及棒类等圆柱形工件,在安装、拆卸大型模具时也经常使用。其规格是指夹持管子最大外径时管子钳的全长，形状如图 1-8 所示。

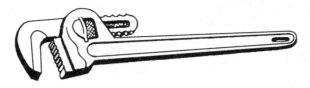

图 1-8　管子钳

使用技巧:

管子钳的夹持力很大，但容易打滑及损伤工件表面，当对工件表面有要求时，需采取保护措施。使用时首先把钳口调整到合适位置，即工件外径略等于钳口中间尺寸，然后右手握柄，左手放在活动钳口外侧并稍加用力，安装时顺时针旋转，拆卸时钳口方向与安装时相反，即按逆时针旋转。

5. 大力钳(多用钳)

大力钳用于夹持零件配钻、铆接、焊接、磨削、拆卸及安装等工作，是模具或维修钳工经常使用的工具，形状如图 1-9 所示。

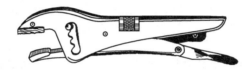

图 1-9　大力钳

使用技巧:

大力钳的钳口可以锁紧，并产生很大的夹紧力，使被加紧零件不会松脱；而且钳口有多挡调节位置，供夹紧不同厚度的零件。使用时应首先调整尾部螺栓到合适位置，通常要经过多次调整才能达到最佳位置。大力钳也可作扳手使用，但容易损伤圆形工件表面，夹持此类工件时应注意。

1.3　夹紧工具与使用技巧

钳工常用的夹紧工具有台虎钳、机用平口钳、手虎钳、钳用精密平口钳等类型，下面将逐一介绍。

1.3.1　台虎钳(老虎钳)

台虎钳安装在钳工台上，是钳工必备的用来夹持各种工件的通用工具，有固定式和回转式两种。其规格以钳口的宽度表示，有 75 mm、90 mm、100 mm、115 mm、125 mm、150 mm、200 mm 等，如图 1-10(a)、(b)所示。

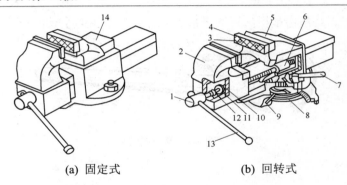

(a) 固定式   (b) 回转式

图 1-10   台虎钳

1—丝杠   2—活动钳身   3—螺钉   4—钳口   5—固定钳身   6—螺母   7—转座锁紧手柄

8—夹紧盘   9—转座   10—销钉   11—挡圈   12—弹簧   13—手柄   14—砧板

使用技巧:

在台虎钳中装夹工件时,工件应尽量夹在钳口中间。为保护钳口和工件,夹持时可先在钳口垫上铜皮。严禁用锤敲打手柄或用加力杆夹紧工件,以免损坏虎钳螺杆或钳身,这种损坏方式在生产现场经常发生。

1.3.2   机用平口钳

机用平口钳以钳口宽度表示其规格,如图 1-11 所示,可以安装在铣、刨、磨、钻等加工机械的工作台上,适合装夹形状规则的小型工件。使用时先把平口钳固定在机床工作台上,将钳口用百分表找正,然后再装夹工件。

使用技巧:

在机用平口钳中装夹工件时,工件的待加工表面必须高于钳口,以免刀具碰伤钳口。若工件高度不够,可用平行垫铁把工件垫高,如图 1-12 所示。当加工面与底面不平时,常用划线法找正安装,如图 1-13 所示。当安装刚性较差的工件时,应将工件的薄弱部分预先垫实或做支撑,避免工件夹紧后产生变形,如图 1-14 所示。

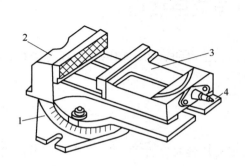

图 1-11   平口钳

1—底座   2—固定钳口   3—活动钳口   4—螺杆

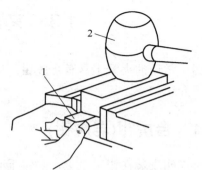

图 1-12   用平行垫铁垫高工件

1—平行垫铁   2—橡胶锤或铜棒

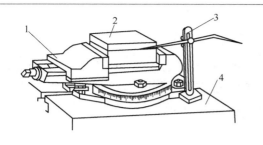

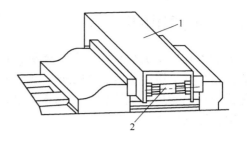

图 1-13　划线找正安装

图 1-14　框形工件的安装

1—平口钳　2—工件　3—划针及划线盘　4—工作台

1—工件　2—可调支撑柱

1.3.3　压板、螺栓及垫铁

当工件尺寸较大或形状特殊时，可使用压板、螺栓和垫铁把工件直接固定在工作台上进行加工，安装时应找正工件，如图 1-15 所示。

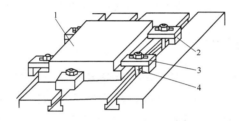

图 1-15　用压板、螺栓和垫铁装夹工件

1—工件　2—垫铁　3—压板　4—螺栓

使用技巧：

在用压板、螺栓和垫铁装夹工件的操作过程中，应注意压板的位置要安排得当，压点要靠近加工面，压力大小要合适。粗加工时，压紧力要大，防止切削中工件移动；精加工时，压紧力要适当，防止工件变形。如图 1-16 所示为压紧方法的正、误比较。

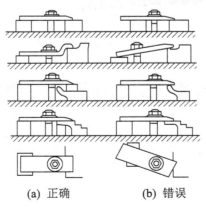

(a) 正确　　　　　(b) 错误

图 1-16　压板的使用

1.3.4　手虎钳(手拿钳)

手虎钳是钳工夹持轻巧工件以便进行加工的一种手持工具，是模具钳工和工具钳工常用的夹紧工具。钳口宽度有 25 mm、40 mm、50 mm 三种，如图 1-17 所示。装夹工件前应首先旋松蝶形螺母，调整钳口到合适宽度，再放入工件并旋紧蝶形螺母，确保夹紧后即可进行钻孔等操作。

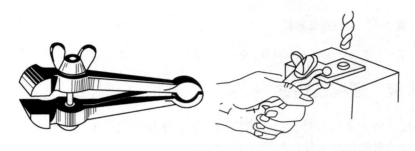

图 1-17　手虎钳及其用法

1.3.5　钳用精密平口钳

钳用精密平口钳是模具钳工、工具钳工及精密平面磨加工常用的夹紧工具，适用于较小零件的配钻，以及保证交叉孔的垂直度。精密平磨时保证两相对平面的平行度、相邻二面的垂直度要求如图 1-18 所示。操作方法：把工件放入钳口内，调整好高低位置，旋转手柄夹紧工件；在图 1-18 所示位置进行钻孔或在平面磨床上平磨上平面；然后把平口钳翻转90°，在预定位置钻孔或平磨翻转后的平面。这样可以在一次装夹中完成两个面的钻孔和平磨，确保了孔与孔、面与面的垂直度要求。

图 1-18　钳用精密平口钳

1.4　模具钳工划线工具与使用技巧

划线是指在毛坯或工件上，用划线工具划出待加工部位的轮廓线或作为基准的点、线的操作方法。

1.4.1　划线简介

划线分为两种：平面划线和立体划线。按所划线在加工过程中的作用，划线又分为找正线、加工线和检验线。

1. 平面划线

平面划线是指只需在工件的一个表面上划线就能明确表示工件加工界线的划线方式，如图 1-19 所示。平面划线又分为几何划线法和样板划线法。

几何划线法和平面几何作图的方法一样，是根据图纸的要求，直接在毛坯或工件上利用几何作图的基本方法划出加工界线的方法。它用于小批量、较高要求的场合。其基本线条包括垂直线、平行线、等分圆周线、角度线、圆弧与直线或圆弧与圆弧的连接线等。

样板划线法是根据工件形状和尺寸要求将加工成型的样板放在毛坯的适当位置上划出加工界线的方法。这种方法适用于形状复杂、批量大、精度要求一般的场合。其优点是容易对正基准，加工余量留得均匀，生产效率高，排料合理，材料利用率高。

2. 立体划线

立体划线是指需要在工件的两个以上表面划线才能明确表示加工界线的划线方式，如图 1-20 所示。

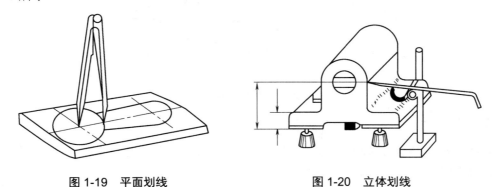

图 1-19　平面划线　　　　　　图 1-20　立体划线

3. 划线的作用

划线是机械加工的重要工序之一，广泛应用于单件和小批量生产中，是钳工应掌握的基本操作技能。划线的作用如下。

(1) 需要加工面的位置与加工余量，给下一道工序划定明确的尺寸界限。

(2) 能够及时处理和发现不合格毛坯，避免不合格毛坯流入加工中而造成损失。

(3) 当毛坯出现某些缺陷时，可通过划线时的借料方法，使毛坯得到一定的补救。

(4) 在板料上按划线下料，可以正确排料，合理用料。

1.4.2　划线工具与使用技巧

常用的划线工具有钢板尺、划线平板、划针、划线盘、划规、样冲、游标高度尺等，下面将分别进行介绍。

1. 钢板尺

钢板尺是一种简单的尺寸测量工具，尺面上刻有尺寸线，最小刻线距离为 0.5 mm，其长度规格有 150 mm、300 mm、500 mm、1000 mm，主要用来量取尺寸、测量工件，也常用作划直线的导向工具，如图 1-21 所示。

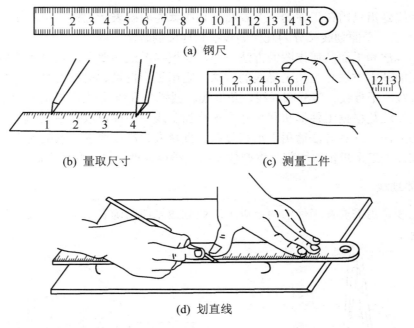

(a) 钢尺

(b) 量取尺寸　　　　　　(c) 测量工件

(d) 划直线

图 1-21　钢板尺及其使用方法

2. 划线平板

划线平板通常由铸铁制成，工作表面经过刮削加工，作为划线时的基准平面，其性能稳定，精度较可靠，如图 1-22 所示。

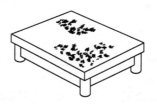

图 1-22　划线平板

使用与保养技巧：

(1)　放置划线平板时应使工作表面处于水平状态。
(2)　平板工作表面应保持清洁。
(3)　工件和工具在平板上应轻拿轻放，防止碰伤工作表面。
(4)　不允许在平板上进行敲击作业。
(5)　3 级精度用于划线，其余为检验用，不可在上面划线，以防降低精度。
(6)　用完后要擦拭干净，并涂上防锈油。

3. 划针

划针是用来在工件上直接划出线条的工具，由碳素工具钢、合金工具钢或镶嵌硬质合金制成，直径一般为 3～5 mm，或方条 4 mm×4 mm～5 mm×5 mm，尖端磨成 15°～20°的尖角，热处理淬火硬度为 56～60HRC，如图 1-23 所示。

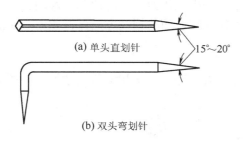

（a) 单头直划针

15°～20°

（b) 双头弯划针

图 1-23　划针

使用技巧：

划线时针尖要紧靠导向工具的边缘，并压紧导向工具；划针向划线方向倾斜 45°～75° 夹角，上部向外侧倾斜 15°～20°，如图 1-24 所示。

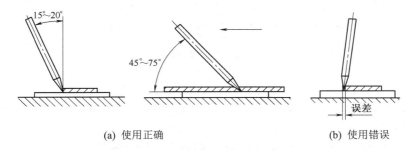

（a) 使用正确　　　　　　　　　　　（b) 使用错误

图 1-24　划针的用法

4. 划线盘

划线盘用来在划线平板上对工件进行划线或找正工件在平板上的位置。划针的直头用来划线，弯头用于找正，如图 1-25 和图 1-26 所示。

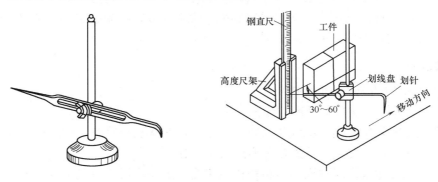

图 1-25　划线盘　　　　　　　　　　图 1-26　用划线盘划平行线

使用技巧:

(1) 用划线盘划线时，划针伸出夹紧装置以外不宜太长，并要夹紧牢固，防止松动且应尽量接近水平位置夹紧划针。

(2) 划线盘底面与平板接触面均应保持清洁。

(3) 拖动划线盘时应紧贴平板工作面，不能摆动、跳动。

(4) 划线时，划针与工件划线表面的划线方向保持 40°～60°的夹角。

5. 划规

划规用来划圆弧、等分线段、等分角度和量取尺寸等，如图 1-27 所示。

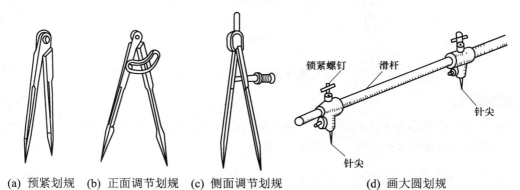

(a) 预紧划规　　(b) 正面调节划规　　(c) 侧面调节划规　　　　(d) 画大圆划规

图 1-27　划规

使用技巧:

(1) 用划规划圆时，作为旋转中心的一脚应施加较大的压力，而另一脚施加较轻的压力在工件表面划线。

(2) 划规两脚的长短应稍有不同，且两脚合拢时脚尖应能靠紧，这样才能划出较小的圆。

(3) 线条清晰，划规的脚尖应保持尖锐。

6. 样冲

样冲用于在工件上对所划加工线条打样冲眼(冲点)，用作加强界限标志和作圆弧或钻孔时的定位中心。样冲通常由碳素工具钢制成，尖端淬硬，尖角磨成 60°时用作样冲加工线，磨成 120°时用作冲钻孔中心，如图 1-28 所示。

使用技巧:

(1) 样冲刃磨时应防止过热退火。

(2) 打样冲眼时冲尖应对准所划线条正中。

(3) 样冲眼间隔的距离根据线条长短曲直来定，线条长而直时，间距可大些；线条短而曲时则间距应小些。交叉、转折处必须打上样冲眼。

(4) 样冲眼的深浅视工件表面的粗糙程度来定，表面光滑或薄壁工件，样冲眼打得浅些，粗糙表面打得深些，精加工表面禁止打样冲眼。

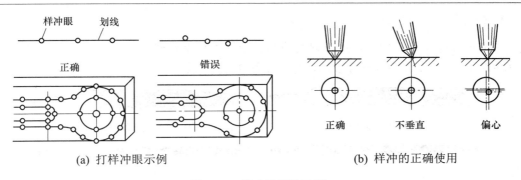

(a) 打样冲眼示例　　　　　　　(b) 样冲的正确使用

图 1-28　样冲的用法示例

7. 游标高度尺

游标高度尺除了可以测量零件高度外，还可以作为精密划线工具使用，如图 1-29 所示。使用方法可参见第 2 章。

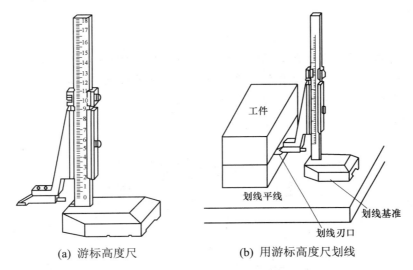

(a) 游标高度尺　　　　　　　(b) 用游标高度尺划线

图 1-29　游标高度尺

1.5　模具抛光工具和材料

模具抛光工具和材料多种多样，不同场合、不同零件和不同形状使用不同的抛光工具和材料。近年来各种抛光工具和抛光材料层出不穷，模具抛光效率和表面质量越来越高，使塑料模具、金属压铸模具等行业得到快速发展。

1.5.1　抛光和修整工具

抛光和修整常用工具有钳工锉、整形锉、金刚石锉、油石、金刚石磨头、带柄小砂轮和羊毛毡抛光轮等。

1. 钳工锉(GB 5810－86)

钳工锉又称锉刀或钢锉，用于锉削或修正金属工件余量较大的表面和孔、槽等部位。锉纹均为1～5号，规格以长度表示，形状如图1-30所示。

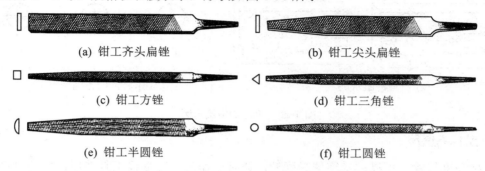

(a) 钳工齐头扁锉   (b) 钳工尖头扁锉

(c) 钳工方锉   (d) 钳工三角锉

(e) 钳工半圆锉   (f) 钳工圆锉

图 1-30 钳工锉

使用技巧：

1) 锉削平面

要锉出平直的平面，必须在运动中调整两手的压力，使锉刀始终保持水平，如图 1-31 所示。粗锉时用交叉法，不仅锉得快，而且在工件表面的锉削面上能显示出高低不平的痕迹，容易锉出准确的平面，如图 1-32 所示。待基本锉平时，再用细锉或光锉以推锉法修光，如图 1-33 所示。

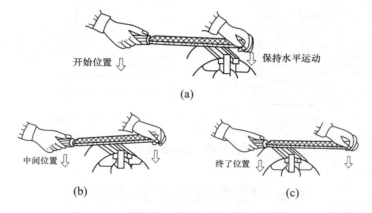

开始位置⇩   ⇩保持水平运动

(a)

中间位置⇩   终了位置⇩

(b)   (c)

图 1-31 锉平面技巧

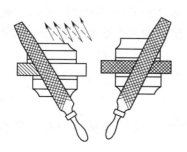

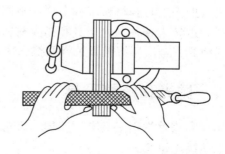

图 1-32 交叉锉法   图 1-33 推锉法

2)　锉削外圆弧

外圆弧面锉削法有顺锉法和滚锉法，顺锉法的切削效率高，适用于粗加工；滚锉法锉出的圆弧面不会出现棱角，用于圆弧面的精加工，如图 1-34 所示。

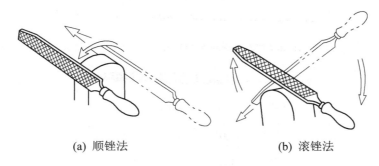

(a)　顺锉法　　　　　　　　　　(b)　滚锉法

图 1-34　外圆弧锉削方法

锉削安全及注意事项如下。

(1)　不准用无柄或破损柄把的锉刀作业，以防伤手。

(2)　不准用嘴吹铁屑，以免飞入眼中。

(3)　锉削表面不得有油污，防止锉刀打滑。

(4)　锉刀放置时不要露出台面，以免碰落伤脚或摔断锉刀。

2. 整形锉(什锦锉)

整形锉用于对硬度不是太高、小而精细的机械零件、模具进行整形及修配加工，是模具工夹具、量具制造时的必备工具。锉刀材料通常为高碳钢，硬度为 60HRC。规格以锉刀的全长来表示，国标代号为 GB 5812－86，形状如图 1-35 所示。

图 1-35　整形锉刀的形状

3. 金刚石锉

金刚石锉用于锉削或修整硬度较高的机械零件或模具，如合金结构钢、合金工具钢、碳素工具钢、硬质合金等热处理高硬度材料。金刚石锉的修整效率高，表面质量好，广泛应用于模具行业。锉刀制造工艺是采用电镀的方法将金刚石磨料"电镀"在金属基体上，保证了金刚石的硬度和锋利性。规格以锉刀的全长来表示，有 140 mm×10 支/组、180 mm×5 支/组，如图 1-36 所示。

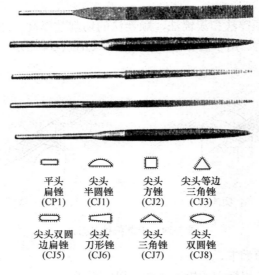

平头扁锉	尖头半圆锉	尖头方锉	尖头等边三角锉
(CP1)	(CJ1)	(CJ2)	(CJ3)

尖头双圆边扁锉	尖头刀形锉	尖头三角锉	尖头双圆锉
(CJ5)	(CJ6)	(CJ7)	(CJ8)

图 1-36　金刚石锉

4. 油石

油石主要用于淬火钢、合金钢、高碳钢等模具成型零件精抛光之前的手工研磨或模具修整。组成材料有棕刚玉、白刚玉、碳化硅、铬刚玉、碳化硼等；形状有长方形、正方形、三角形、刀形、圆柱形、半圆柱形；粒度有 80#、90#、100#、120#、150#、180#、220#、240#、280#、300#、320#、400#、500#、600#、800#、1000#、1200#、1400#、1600#等，数值越大，粒度越细，研磨效率越低，研磨表面粗糙度数值越低，表面质量越好。因此，研磨时首先使用粗油石，然后逐级选用越来越细的油石，再用耐水砂纸、金相砂纸、金刚石抛光膏精抛，最后可达到镜面效果。如图 1-37 所示为各种形状的油石。

图 1-37　油石

5. 金刚石磨头

金刚石磨头的制造工艺与金刚石锉刀一样，也是采用电镀法。主要装夹在手握式气动、电动工具上高速旋转(20 000 r/min 以上)，对高硬度及耐磨材料进行雕刻、修整、精磨及内孔研磨等，加工效率极高。由于磨头直径可以制造得很小(0.5 mm)，能够对窄槽或窄缝进行打磨、抛光。使用时操作人员应戴防护镜，且旁边应禁止站人观看，避免铁屑飞入眼中，造成人身伤害。图 1-38 所示为各种型号的金刚石磨头。

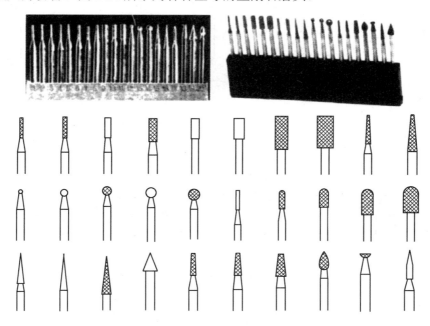

图 1-38　金刚石磨头

6. 带柄小砂轮

小砂轮的使用与金刚石磨头一样，装夹在手握式气动或电动工具上高速旋转(20 000 r/min 以上)，对高硬度及耐磨材料进行修整、打磨，加工效率较高。但砂轮直径不能制造得太小，使用场合受到一定限制。另外，打磨时砂粒飞溅，使用人员应戴防护镜，而旁边应禁止站人观看，避免沙粒飞入眼中，造成人身伤害。图 1-39 所示为各种型号的小砂轮。

7. 羊毛毡抛光轮

抛光轮用羊毛材料制成，形状各异，用于型腔(塑料、压铸)模具或金属零件、非金属零件以及玻璃制品的表面精度抛光。使用时需加研磨膏，抛光后可达到镜面效果。图 1-40 所示为各种型号的羊毛毡抛光轮。

8. 笔式气动研磨机

此类研磨机的外形细小，旋转力矩也较小，使用时像捏笔一样，轻巧方便。笔式气动研磨机可在金属、玻璃、陶瓷、塑料、首饰等材料表面刻字、修磨，广泛应用于模具、手工工艺、考古等加工余量较小或精密研磨、修整的场合，尤其适合在复杂的内外表面及狭窄部位加工，如塑料模具的筋槽抛光。

研磨机的动力是压缩空气，转速最高可达 60 000 r/min。中间机身内装有旋转叶轮，前端有可更换式锁紧夹头,可以装夹柄部直径为 2 mm、3 mm 的金刚石磨头和小砂轮,尾部接气管,如图 1-41 所示。

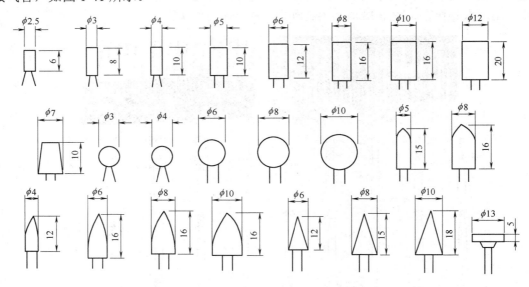

图 1-39　带柄小砂轮

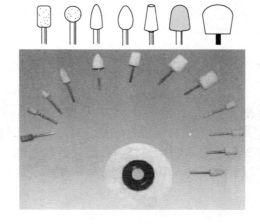

图 1-40　羊毛毡抛光轮

图 1-41　笔式气动研磨机

9. 手握式气动研磨机

手握式气动研磨机的工作原理与笔试研磨机相同,只是外形较粗大,旋转力矩大,打磨与修整效率更高,但使用时需用单手或双手用力握持。该研磨机可以装夹柄部直径为 3 mm、6 mm 的各种不同的异型砂轮磨头、金刚石磨头,适用于模具的整形抛光、修磨焊缝、清理毛刺,还可配以旋转锉做高速铣削,如图 1-42 所示。

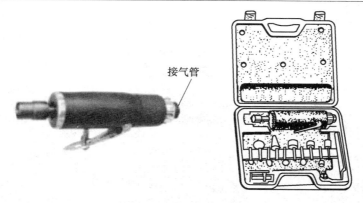

图 1-42　手握式气动研磨机

10. 往复式气动研磨机

此类研磨机使用涡轮式气动马达，动力仍为压缩空气。工作时主轴不产生旋转运动，而是往复运动，往复行程为 0.3～0.7 mm，往复速度高达 35 000～40 000 次/min，研磨效率较高。夹头可夹持油石、金刚石锉刀。特别适合研磨塑料模具、压铸模具的深沟、窄槽等细微处，如图 1-43 所示。

图 1-43　往复式气动研磨机

11. 角式气动研磨机

此研磨机外形更大，可安装砂轮打磨片、抛光砂布碟、羊毛毡抛光碟。角式气动研磨机的研磨效率更高，特别适合大面积的平面打磨与抛光。使用时，双手握持，沿顺时针方向不停地旋转研磨，不要停在一点不动。其外形如图 1-44 所示。

图 1-44　角式气动研磨机

12. 超声波振动研磨机

此研磨机以电器系统产生的超声波为动力，以 22 000 次/s 左右的超频微细振动，对沟槽、筋槽或复杂细微处进行研磨抛光，还可对模具表面进行电蚀抛光，并具有相关保护功能。图 1-45 所示为 3 种机型的超声波振动研磨机。

13. 电动研磨机

该研磨机是依靠电力驱动，主轴产生运动带动次轴旋转，使用方法与气动研磨机类似。其外形如图 1-46 所示。

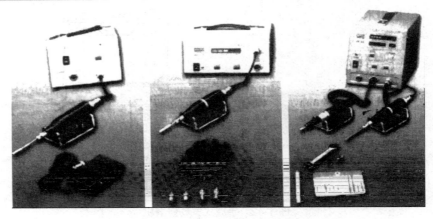

图 1-45   超声波振动研磨机

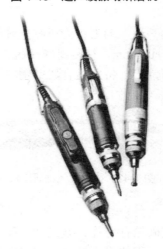

图 1-46   电动研磨机

14. 电动角向磨光机

电动角向磨光机又称角磨机、砂轮打磨机，配用纤维增强砂轮进行磨削，主要用于金属件的修磨及型材的切割，焊接前开破口以及清理工件飞边、毛刺。配用金刚石切割片，可以切割非金属材料；配用钢丝刷可以除锈；配用橡胶垫及圆形砂纸可进行模具抛光作业。其外形如图 1-47 所示。

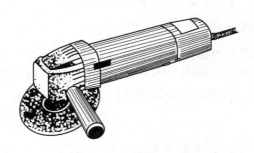

图 1-47   电动角向磨光机

1.5.2　抛光材料

常用的抛光材料有砂轮打磨片、砂轮切割片、砂布、砂纸、各种砂布轮、抛光油、纸巾和棉花、防锈剂等。

1. 砂轮打磨片和砂轮切割片

砂轮打磨片和砂轮切割片用在零件修磨余量较多、表面要求不高或切槽、切断零件的场合。使用时操作者须戴防护眼镜，以免沙粒飞入眼中。其外形如图 1-48 所示。

　　　　(a) 砂轮打磨片　　　　　　　　　　　　　(b) 砂轮切割片

图 1-48　砂轮打磨片和砂轮切割片

2. 砂布和砂纸

砂布、砂纸的形状有片状或带状，前者用于手工打磨与抛光，后者用于机械打磨或抛光。常用砂布的尺寸为 280 mm×230 mm，型号有 320#、240#、180#、150#、120#、100#、80#、60#、46#、36#、……、2#、1#、0#，数字越大沙粒越细，如图 1-49(a) 所示。

砂纸有耐水砂纸和金相砂纸，外形尺寸为 280 mm×230 mm。金相砂纸的外形如图 1-49(b) 所示。

　　　　　(a) 砂布　　　　　　　　　　　　　　　(b) 金相砂纸

图 1-49　砂布和砂纸

常用耐水砂纸的型号有 1500#、1200#、1000#、800#、600#、500#、400#、360#、320#、300#、280#、240#、220#、180#、150#、120#、100#、80#、60#等。

常用金相砂纸的型号有 1200＃、1000＃、800＃、600＃、400＃、280＃等。数字越大

粒度越细,抛光表面效果越好,而抛光效率越低。因此,抛光时首先使用粗砂布或粗砂纸,然后逐级选用越来越细的砂纸,最后可达到镜面效果。

3. 砂布千叶轮

砂布千叶轮用小块砂布黏接在一起制成,安装在气动或电动研磨机上。使用时应根据模具零件表面质量的要求,选择不同型号和粒度的砂布千叶轮。图 1-50 所示为砂布千叶轮。

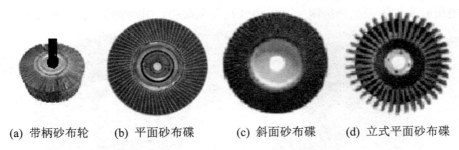

(a) 带柄砂布轮　　(b) 平面砂布碟　　(c) 斜面砂布碟　　(d) 立式平面砂布碟

图 1-50　砂布千叶轮

4. 金刚石抛光膏

金刚石作为研磨材料与其他研磨材料相比具有很多优点,如磨抛效率高、样品损伤层浅、抛光质量好等,特别适合塑料模、压铸模的最后镜面精抛光,抛光表面粗糙度 R_a 可达 0.05 μm。常用抛光膏粒度有 W0.25、W0.5、W1、W1.5、W2.5、W3、W3.5、W5、W6、W7、W9、W10、W14、W20、W28、W40 等。粒度单位为微米(μm),数字越小粒度越细,抛光表面粗糙度越低,表面质量越好,但抛光效率也越低。抛光时与羊毛毡轮、抛光油配合使用,首先使用粒度较大的抛光膏,然后逐级选用越来越细的抛光膏,最后达到镜面抛光效果。

金刚石抛光膏通常用塑料针筒盛装,每支 5 g。用时挤出少量,不用时盖上盖子,防止流出或灰尘进入,影响抛光效果。图 1-51 所示为金刚石抛光膏。

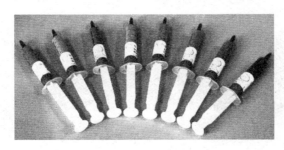

图 1-51　金刚石抛光膏

5. 抛光油

抛光油主要是和金刚石抛光膏、羊毛抛光轮配合使用,作用是稀释抛光膏,润滑、冷却羊毛抛光轮和被抛光模具,防止因温度过高而烧伤羊毛抛光轮和模具,如图 1-52 所示。

抛光时，抛光油不能喷洒太多，刚好把抛光膏稀释成稀糊状即可，切不可变成水状，否则，抛光膏会随高速旋转的羊毛轮飞出，降低抛光效率，从而达不到抛光效果。

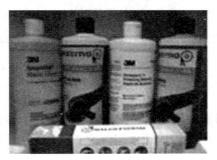

图 1-52　抛光油

6. 纸巾和棉花

纸巾和棉花的作用是抛光后擦拭干净油污与金属微粒，以方便检查抛光面。纸巾和棉花必须绝对干净，不能沾有任何杂质，否则，会划伤模具抛光后的镜面，导致前功尽弃。

7. 防锈剂

机械零件或模具抛光完毕后，必须擦拭干净，然后抛光面上涂(喷)防锈剂，防止出现锈蚀而影响使用。图 1-53 所示为常用喷雾型防锈剂。

图 1-53　防锈剂

1.6　其他常用钳工工具与使用技巧

钳工常用的其他工具还有钢锯架和锯条、刮刀、螺栓取出器、钳工手锤与铜棒、錾子、铁剪、铰杠和板牙架、钳工工作台、万能分度头等。

1.6.1　钢锯架和锯条

手用钢锯条装在钢锯架上，以手工锯割金属等材料。锯条由碳素工具钢制成与铜棒，并经低温退火处理，规格用锯条两端安装孔之间的距离表示，厚度为 0.8 mm，宽度为 12 mm，长度为 300 mm，形状如图 1-54 所示。

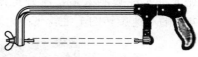

(a) 钢板制锯架(调节式)　　　　　　　(b) 钢管制锯架(固定式)

图 1-54　钢锯架

使用技巧：

(1)　锯割软材料或厚材料时选用粗齿锯条，锯割硬材料或薄料时选用细齿锯条。

(2)　安装锯条时锯齿切削刃应向前，用两个手指用力旋紧，应松紧适当，不能歪斜和扭曲，否则锯条易折断。

(3)　将工件夹在台虎钳左边以便于操作，锯线应和钳口平行，工件伸出钳口长度应适当，防止锯削时产生振动。

(4)　锯削时身体正前方与台虎钳中心线大约成 45°角，右脚与台虎钳中心线成 70°角，左脚与台虎钳中心线成 30°角。握锯方法是右手握柄，左手扶弓，推力和压力的大小主要由右手掌握，左手压力不要太大，如图 1-55 所示。

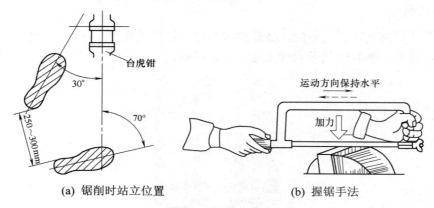

(a) 锯削时站立位置　　　　　　　　(b) 握锯手法

图 1-55　锯削站立姿势与握锯手法

(5)　起锯方法有两种：①远起锯，即从工件远离自己一端起锯，锯齿逐步切入材料，不宜被卡住，建议初学者采用该锯法，如图 1-56(a)所示；②近起锯，即从工件靠近自己的一端起锯，锯齿容易被棱边卡住而崩裂，较难掌握，如图 1-56(b)所示。

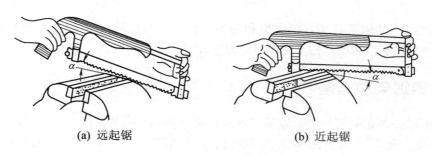

(a) 远起锯　　　　　　　　　　　(b) 近起锯

图 1-56　起锯方法

无论哪种起锯方法，起锯角 α 都不能超过 15°。为使起锯的位置准确和平稳，起锯时可用左手大拇指指甲挡住锯条的方法来定位。

锯削实例：

1) 锯削棒料

如果要求断面平整，应从一个方向锯到底；如果断面要求不高，当锯到一定深度后可以转过一个角度，分别从几个方向锯削，最后一次锯断。后者效率高，不易折断锯条，如图 1-57 所示。

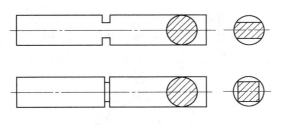

图 1-57　棒料锯削

2) 锯削管子

锯薄管时应用木板或紫铜板垫起工件，防止夹扁。锯削时，不能从一个方向锯到底，应多次变换方向，每一次只锯到管子内壁处，逐次锯削，直至锯断，如图 1-58 所示。

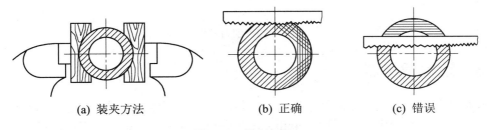

(a) 装夹方法　　　　　　(b) 正确　　　　　　(c) 错误

图 1-58　管料锯削

3) 锯削薄板

将薄板夹在台虎钳上，锯削线靠近钳口且与钳口平行，沿锯线作横向锯削，如图 1-59 所示。

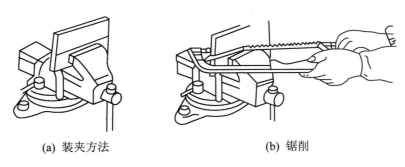

(a) 装夹方法　　　　　　　　　(b) 锯削

图 1-59　板料锯削

锯削安全及注意事项:

(1) 锯条必须安装正确,防止过松或过紧、压力过大造成锯条折断后从弓架上跳出伤人。

(2) 当工件快被锯断时,应用手扶着锯下的部分,防治跌落砸脚或损坏地面。

(3) 锯削时要有耐心,不应因急躁而用力过猛。

1.6.2 刮刀

刮刀是常用的刮削工具,用刮刀在已加工零件的表面刮去一层金属,可以获得良好的平面度和表面粗糙度。半圆刮刀用于刮削轴瓦或模具的凹面,三角刮刀用于刮削工件上的油槽和孔的边缘,平面刮刀用于刮削工件的平面或铲花纹等,如图1-60所示。

图1-60 刮刀及应用

1.6.3 螺栓取出器

螺栓取出器供手工取出断裂在机器、模具内的各种螺栓,取出器的螺纹为左旋。使用时,须在螺栓的断面中心位置钻一小孔,再将取出器插入小孔中,然后用丝锥扳手或活口扳手夹住取出器的方头,用力逆时针转动,即可取出断螺栓,如图1-61所示。

图1-61 螺栓取出器

1.6.4 钳工手锤与铜棒

钳工常用手锤有斩口锤、圆头锤、什锦锤等,如图1-62所示。锤的大小用锤头质量表示,常用的圆头锤约 0.5 kg。斩口锤用于金属薄板的敲平、翻边等;圆头锤用于较重的打击;什锦锤用于锤击、起钉等检修工作。握锤子主要靠拇指和食指,其余各指仅在锤击时才握紧,柄尾只能伸出 15~30 mm,如图1-63所示。

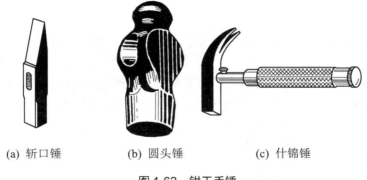

(a) 斩口锤　　　　　(b) 圆头锤　　　　　(c) 什锦锤

图 1-62　钳工手锤

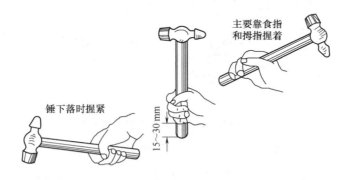

图 1-63　手锤握法

　　铜棒是模具钳工装配与拆卸模具必不可少的工具。在装配和修磨过程中，禁止使用铁锤敲打模具零件，而应使用铜棒打击，其目的就是防止模具零件被打至变形。铜棒材料一般采用紫铜，规格通常为：直径×长度＝20 mm×200 mm、30 mm×220 mm、40 mm×250 mm 等。

1.6.5　錾子

　　常用的錾子有平錾、槽錾、油槽錾。平錾用于錾平面和錾断金属，其刃宽一般为 10～15 mm；槽錾用于錾槽，刃宽 5 mm 左右；油槽錾用于錾油槽，錾刃磨成与油槽形状相似的圆弧形。錾子的长度为 125～150 mm。錾子的种类及握法如图 1-64 所示。

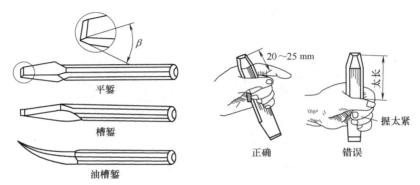

图 1-64　錾子的种类及握法

使用技巧：

(1) 錾削的姿势应便于用力，不易疲劳，眼睛应注视錾刃，挥锤要自然，如图 1-65 所示。

(2) 起錾时应将錾子握平或使錾头稍向下倾斜，以便錾刃切入工件。粗錾时錾刃表面与工件夹角 α 为 3°～5°，细錾时 α 角略大些。当錾削到工件尽头时，应从工件另一端錾掉剩余部分，如图 1-65 和图 1-66 所示。

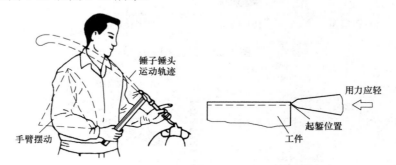

图 1-65　錾削姿势与起錾方式

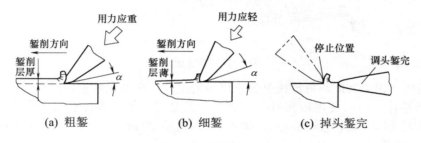

(a) 粗錾　　　　　　(b) 细錾　　　　　　(c) 掉头錾完

图 1-66　錾削方法

錾削实例：

1) 錾平面

应先用槽錾开槽，槽间宽度约为平錾刃宽的 3/4，然后再用平錾錾平剩余部分，平錾錾刃应与前进方向成 45°角，如图 1-67 所示。

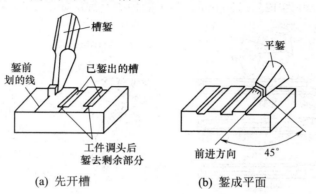

(a) 先开槽　　　　　　　　(b) 錾成平面

图 1-67　平面錾法

2)　錾油槽

首先按油槽形状磨制油槽錾，然后在工件上划线，按线錾油槽，如图 1-68 所示。

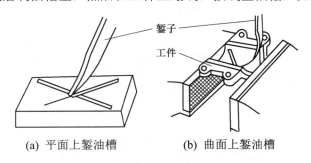

(a) 平面上錾油槽　　　　(b) 曲面上錾油槽

图 1-68　錾油槽

3)　錾断板料

小而薄的板料可装夹在虎钳上錾断，如图 1-69 所示。

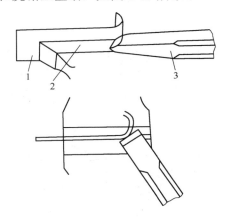

图 1-69　錾断板料

1—板料　2—台虎钳　3—錾子

錾削时的安全及注意事项：

(1) 錾削时眼睛要始终注视錾子刃口，避免伤手或錾坏工件。

(2) 錾削时旁边不要站人，以免錾削飞溅伤人。

(3) 錾子应经常刃磨保持锋利，刃磨时要防止过热而退火。

1.6.6　铁剪

钳工在制作样板或垫片时经常要用到铁剪，图 1-70 为几种专门用于剪断薄钢板的剪刀。图 1-70(a)为普通剪刀，规格有 10″、12″，可剪 1 mm 以下的薄板，使用较为普遍；图 1-70(b)为大剪刀，规格比普通剪刀大，可剪 2 mm 厚的钢板；图 1-70(c)为弯头剪刀，规格有 10″、12″，专用于剪切曲线，使用具有一定的局限性。

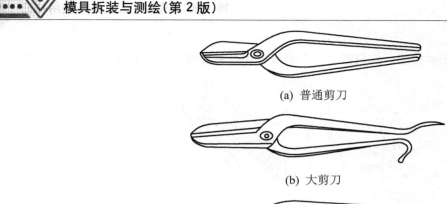

(a) 普通剪刀

(b) 大剪刀

(c) 弯头剪刀

图 1-70　铁剪刀

1. 剪刀的握法

如图 1-71 所示，右手握住刀柄的中后部，使剪刀张开约 2/3 的刀刃长度。手掌的虎口部夹持上剪柄向下用力，其余四指握住下剪柄向上并向手心内侧用力，使两剪刃靠紧不得有间隙。否则，剪下的材料边缘倾斜且有毛刺，甚至使材料挤入剪刃之间的间隙，而无法进行剪切。

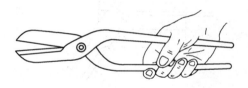

图 1-71　剪刀的握法

2. 使用技巧

1)　直线剪切

图 1-72(a)所示为短直线、窄边剪切时的操作方法。左手持料，右手握剪，上剪刃在钢板上部且剪尖上翘；下剪刃在钢板下部剪尖抵住钢板，可防止剪切过程中的剪刀摆动。剪切过程中，左手持料稍向后用力，右手持剪使上剪刃内侧平面与钢板靠齐，上剪刃沿剪切线剪进，剪下的料边在剪刀右侧向下方卷弯。

图 1-72(b)所示为剪切较大幅面薄钢板时的操作方法，把钢板放平稳或用脚踩住，所要剪去的窄边处在剪刀左侧。操作时，上剪刃沿剪切线平齐地落在钢板上，左手拎起剪下的窄板条，剪尖沿剪切线剪进。当被剪钢板剪切线的两侧都较宽时，也采用该操作方法。

2)　曲线剪切

曲线剪切时应以图 1-73 所示的逆时针方向剪切，这样可始终观察到剪切线，而不会被剪刀挡住。操作时，左手持料沿顺时针方向转动，右手握剪沿逆时针方向剪进。剪切过程中，上剪刃要翘起，并尽量加大上下剪刃间的夹角，用剪刃的根部来剪切。因为剪刃间夹角越大，与钢板的接触部位越少，剪刀转动越灵活，剪切的曲线越规整，同时剪切也越省力。

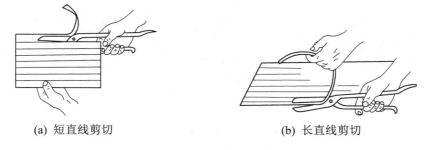

　　(a) 短直线剪切　　　　　　　　　　　　　(b) 长直线剪切

图 1-72　直线剪切的操作方法

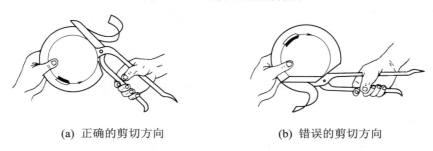

　　(a) 正确的剪切方向　　　　　　　　　　　(b) 错误的剪切方向

图 1-73　曲线剪切的操作方法

1.6.7　铰杠和板牙架

　　铰杠和板牙架是钳工必备的攻牙、套牙工具。根据螺纹的大小有不同的型号，可以在市场上购买，也可以自己动手制作。

1. 铰杠

　　铰杠又称丝锥扳手，是扳转丝锥的工具，常用的是可调节式铰杠，转动一边的手柄即可调节方孔的大小，以便夹持各种不同尺寸的丝锥。铰杠的规格用长度表示，有130(M2～M4)、180(M3～M6)、230(M3～M10)、280(M6～M14)等，形状如图 1-74 所示。

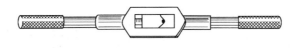

图 1-74　铰杠

使用技巧：

　　(1) 攻螺纹时，两手握住铰杠的中部，均匀用力，使铰杠保持水平转动，并在转动过程中对丝攻施加垂直压力，使丝锥切入内孔 1～2 圈，如图 1-75(a)所示。

　　(2) 用 90°直角尺检查丝锥与工件表面是否垂直，如图 1-75(b)所示。

　　(3) 深入攻螺纹时，两手握紧铰杠两端，正转 1～2 圈后反转 1/4 圈，如图 1-75(c)所示。在加工过程中要经常用毛刷加入机油，并且退出丝锥后要清理切削。攻较硬材料时，丝锥的头攻、二攻交替使用。

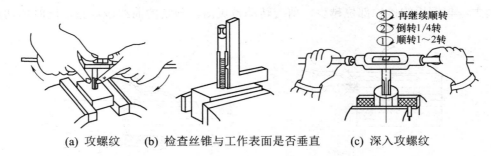

(a) 攻螺纹　　(b) 检查丝锥与工作表面是否垂直　　(c) 深入攻螺纹

图 1-75　丝锥攻螺纹的操作

(4) 攻盲孔螺纹时,丝锥上要做好标记,防止顶底使丝锥断裂。

(5) 攻丝完毕,将丝锥轻轻倒转,退出丝锥。禁止因用力过猛、退出速度过快而使丝锥断裂。

2. 板牙架

板牙架又称圆板牙扳手,用于装夹圆板牙套制圆形工件上的外螺纹,形状如图 1-76 所示。

使用技巧:

(1) 套螺纹时,圆形工件顶端须倒角 15°～20°,以便于导向。

图 1-76　板牙架

(2) 工件要夹正紧固,且要防止夹变形,伸出端应尽量低。

(3) 板牙开始套螺纹时,要检查校正,务必使板牙与工件垂直,然后适当加压力按顺时针方向扳动板牙架,当切入 1～2 牙后就不可再加压力旋转。套牙时要经常反转,使切屑及时排出,如图 1-77 所示。

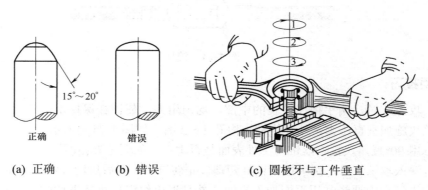

(a) 正确　　(b) 错误　　(c) 圆板牙与工件垂直

图 1-77　套螺纹操作

1.6.8　钳工工作台

钳工工作台用硬质木材或钢材制成，用来安装台虎钳，放置工具、量具和工件等。其高度通常在 750～850 mm 之间，装上台虎钳后一般以钳口高度恰好对齐人的手肘为宜，长度和宽度随场地和工作需要而定，如图 1-78 所示。

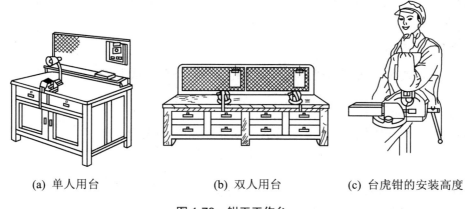

(a) 单人用台　　　　　　　(b) 双人用台　　　　　　(c) 台虎钳的安装高度

图 1-78　钳工工作台

1.6.9　万能分度头

万能分度头是铣床附件，主要用于等分圆周。钳工在划线时也经常要用分度头对工件进行等分圆周划线，分度头的结构如图 1-79 所示。分度头的基座上装有回转体，回转体内装有主轴，主轴可随回转体在铅锤平面内扳成水平、垂直或倾斜位置。

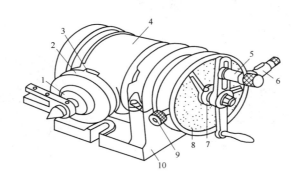

图 1-79　万能分度头

1—主轴　2—刻度环　3—游标　4—回转体　5—插销
6—侧轴　7—扇形夹　8—分度盘　9—紧固螺钉　10—基座

1. 分度头的分度方法

分度头的分度方法是：分度盘不动，摇动分度头芯轴上的手柄，经过蜗杆蜗轮传动，带动分度头主轴旋转，完成分度工作。由于蜗轮蜗杆的传动比是 1∶40，因此工件转过一个等分点时分度头手柄转过的转数 n，可由下式计算得出：

$$n=40/z$$

式中：z——工件的等分数。

2. 分度头的使用技巧

划线时将分度头放在划线平板上，把工件夹持在主轴的三爪自定心卡盘中，用划线盘或高度尺，配合分度头的分度，可在工件上划出水平线、垂直线、斜线、等分圆周线和不等分圆周线。

3. 分度头的使用实例

实例 划出均匀分布在圆周上的 10 个孔及 14 个孔，试求每划完一个孔后，手柄的转数。

解：$n_1=40/z=40/10=4$

即每划完一个孔的位置后，手柄需转 4 圈才能完成 10 等分。

$$n_2=40/z=40/14=2\frac{24}{28}=2\frac{12}{14}$$

划 14 等分时，每划完一个孔后，转动分度头手柄 2 圈，再在 28 个孔的孔圈上摇过 24 个孔距，再划下一等分。

分度头传动系统如图 1-80 所示。

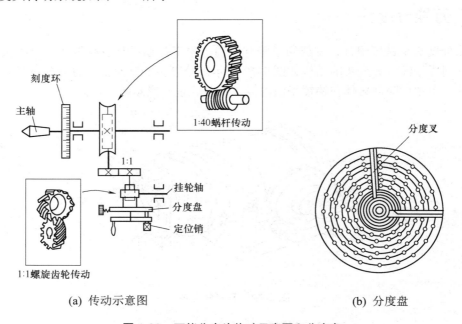

(a) 传动示意图　　　　　　　　　　(b) 分度盘

图 1-80　万能分度头传动示意图和分度盘

1.7　模具拆卸工具

模具常用的拆卸工具有撬杠、拔销器、起销器、油压千斤顶等。

1.7.1　撬杠

撬杠主要用于搬运、撬起笨重物体，而拆卸模具常用的有通用撬杠和钩头撬杠。

1. 通用撬杠

通用撬杠在市场上可以买到，通用性强。在模具维修或保养时，对于较大或难以分开的模具可以用撬杠在四周均匀用力平行撬开，严禁用蛮力倾斜开模，从而造成模具精度降低或损坏，同时要保证模具零件表面不被撬坏。

撬杠的直径的规格为 20 mm、25 mm、32 mm、38 mm，长度规格为 500 mm、1000 mm、1200 mm、1500 mm，如图 1-81 所示。

图 1-81　撬杠

2. 钩头撬杠

钩头撬杠专门用于模具开模，尤其适合冲压模具的开模，通常一边一个成对使用，均匀用力。当开模空间狭小时，钩头撬杠无法进入，此时应使用通用撬杠。

钩头撬杠的直径规格为 15 mm、20 mm、25 mm。钩头部位弯曲时尺寸 R_2、R_3 自然形成，R_4 修整圆滑，R_1 根据撬杠直径的粗细取 30～50 mm，长度规格 L 为 300 mm、400 mm、500 mm，形状如图 1-82 所示。

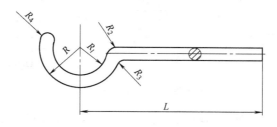

图 1-82　钩头撬杠

1.7.2　拔销器和起销器

拔销器和起销器都是取出带螺纹内孔销钉所用的工具，主要用于盲孔销钉或大型设备、大型模具的销钉拆卸。既可以拔出直销钉又可以拔出锥度销钉。当销钉没有螺纹孔时，需钻攻螺纹孔后方能使用。

1. 拔销器

拔销器的组成如图 1-83 所示，市场上有销售，但大多数是由使用部门自己制造。使用时首先把拔销器的双头螺栓 3 旋入销钉 5 螺纹孔内，深度足够时，双手握紧冲击手柄移动到最低位置，向上用力冲撞冲击杆台肩，反复多次冲击即可取出销钉，起销效率高。但是，当销钉生锈或配合较紧时，拔销器就难以拔出销钉。

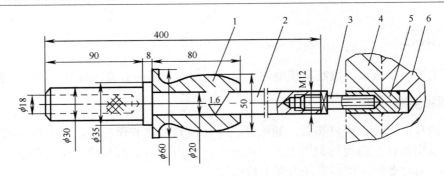

图 1-83　拔销器

1—冲击手柄　2—冲击杆　3—双头螺栓　4、6—工件　5—带螺孔销钉

2. 起销器

当拔销器拔不出销钉时需用起销器，起销器的组成如图 1-84 所示。使用时首先测量销钉内螺纹尺寸；找出与之配合的内六角螺栓(或六角头螺栓)1 及垫圈 2，长度适中；调整螺杆 3 与螺母 4 的配合长度；把螺栓穿入垫圈、螺杆、螺母内，然后用手把螺栓 1 拧入销钉 6 螺纹孔内 6～8 mm，此时螺栓开始受力，用扳手加力即可慢慢拔出销钉。在拔出销钉过程中应不断调整螺杆与螺母的配合高度，防止螺栓顶底后破坏销钉螺纹孔。

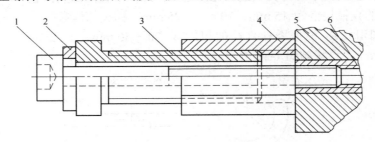

图 1-84　起销器

1—内六角螺栓(或六角头螺栓)　2—垫圈　3—六角头空心螺杆　4—加长六角螺母

5—工件　6—带螺纹孔销钉

1.7.3　油压千斤顶

对于较大型冲压模具，若导向机构采用滚珠导柱和导套时，开模与合模都比较顺畅，此时不需要开模工具，用吊车配钢丝绳可直接打开模具。若导向机构采用滑动导柱和导套时，用吊车、钢丝绳分离上下模具将非常困难。

生产中常用的开模方法有两种，具体如下。

(1) 用 4 个同型号(通常 2 t 左右)的油压千斤顶分别支承在导柱、导套旁边，2 人或 4 人同步操作，在开模过程中不断测量升起高度，确保平行开模。油压千斤顶的组成如图 1-85 所示。

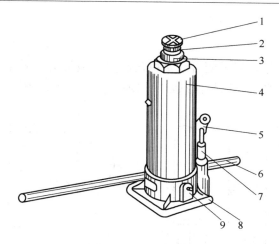

图 1-85　油压千斤顶

1—顶头　2—螺杆　3—大活塞　4—缸体
5—压杆套　6—压杆　7—小活塞　8—底座　9—阀

(2)　在上模板空位地方均匀钻攻 4×M16(或 M20)螺纹孔，用 4 条 M16(或 M20)同规格螺杆顶住下模板，2 人或 4 人同步旋转操作 4 条螺杆，保证平行开模。

1.8　模具配件及附件

模具在搬运、吊装及使用过程中要使用各种各样的配件及附件，这些配件和附件虽不显眼，但缺之不可，本节对常用配件及附件作简要介绍。

1.8.1　吊环螺钉

吊环螺钉配合起重机，用来吊装模具、设备等重物，是重物起吊不可缺少的配件。其规格以螺钉头部的螺纹大小表示。吊环及使用方法如图 1-86 所示。

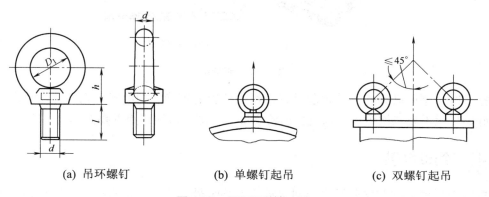

(a) 吊环螺钉　　　　　(b) 单螺钉起吊　　　　　(c) 双螺钉起吊

图 1-86　吊环及使用方法

1.8.2　起重卸扣

起重卸扣、吊环、钢丝绳是配合起重机吊起重物最常用的配件，特别是在模具车间、注塑车间、冲压车间用来吊起大型模具时应用最多，如图1-87所示。

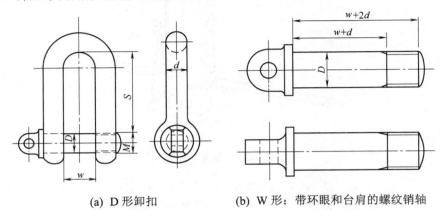

(a) D形卸扣　　　　　(b) W形：带环眼和台肩的螺纹销轴

图1-87　起重卸扣

1.8.3　钢字码

钢字码用于在模具及其他金属产品上打印字号、字母，以作标记等，可以根据工件大小来选择不同字号。钢字码的形式有阿拉伯数字和英文字母，字号规格有 1#、2#、3#，以套供应，如图1-88所示。

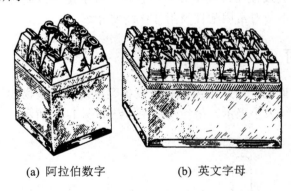

(a) 阿拉伯数字　　　　　(b) 英文字母

图1-88　钢字码

打字时，字码必须与工件表面垂直，锤击位置要正确，力度要适当，一次锤击就应把字打好，尽量不要二次锤击，以免打出的字形一边深一边浅或因重叠而模糊不清。

1.8.4　冷却水嘴

拆卸塑料模具时首先要拆出冷却水嘴，安装时最后装配冷却水嘴，常用冷却水嘴的形式如图1-89所示。目前其已标准化和系列化，需要时可按型号购买。

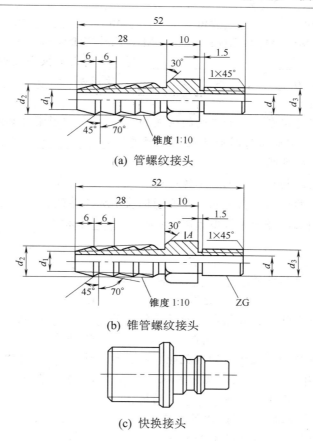

(a) 管螺纹接头

(b) 锥管螺纹接头

(c) 快换接头

图 1-89　模具冷却水接头

本 章 小 结

本章主要介绍模具在制造、维修及拆装过程中使用的各种钳工工具的形状、应用及使用技巧。通过本章的学习，学生应认识且会使用常用钳工工具。

思 考 与 练 习

1. 填空题

(1) 钳工按工作内容的性质来划分，主要有_____、_____、_____。

(2) 在钳工工作中，清除铁屑时要用_____，不要用_____吹或用手去清除，以防_____飞入眼中或割伤手指。

(3) 每天工作完成后，应按要求对设备进行_____、_____，并把工作场地_____。

(4) 台虎钳是用来夹持工件的_____夹具，其规格用钳口的_____来表示，常用的规格有_____mm、_____mm、_____mm、_____mm。

(5) M5、M6、M8、M10、M12、M14、M16 几种螺栓分别使用_____、_____、_____、_____、_____、_____、_____型号的内六角扳手装拆。

(6) 常用旋具分为_____和_____，作用是_____头部带有一字形或十字形沟槽的螺钉。

(7) 划线的作用是确定工件加工面的位置和_____。通常把划线分为_____和_____两种。划线完成后对图形及尺寸必须进行_____，确认无误后，在相应的线条及钻孔中心打上样冲眼。

(8) 分度头在钳工划线时用来对工件进行_____划线。

(9) 需要在工件两个以上表面划线才能明确表示加工界线的，称为_____。

(10) 在同一圆周上，每一等份弧长所对应的_____相等。

2. 选择题

(1) 台虎钳是夹持工件的_____夹具。

  A. 专用   B. 通用   C. 组合

(2) 工作台可以升降，主轴箱也可升降的钻床是_____钻床。

  A. 台式   B. 立式   C. 摇臂

(3) 只需在工件的一个表面上划线就能明确表示工件_____的称平面划线。

  A. 加工边界   B. 几何形状   C. 加工界线   D. 尺寸

(4) 几何划线法适用于小批量_____的场合。

  A. 较高精度要求   B. 单件生产   C. 精度低   D. 不宜加工

(5) 划线平板放置时应使工作表面处于_____状态。

  A. 垂直   B. 水平   C. 任意   D. 平行

(6) 划线时，划针向划线方向倾斜_____的夹角，上部向外侧倾斜。

  A. 15°～20°   B. 20°～30°   C. 45°～75°   D. 90°

(7) 使用分度头划线，当手柄转一周时，装在卡盘上的工件转_____周。

  A. 1   B. 0.1   C. 0.5   D. 1/40

(8) 等分圆周是将圆在_____方向上均匀地分成若干等份的操作方法。

  A. 长度   B. 轴向   C. 切线   D. 直径

3. 简答题

(1) 使用扳手时应注意什么问题？

(2) 常用的划线工具有哪些种类？

(3) 平口钳适用于装夹哪些工件？如何对工件进行找正？举例说明。

(4) 要把一花键轴分为 10 份，如何利用分度头进行分度？

4. 操作题

(1) 根据图 1-90 给定的尺寸完成平面划线任务。

(2) 根据图 1-91 给定的尺寸完成平面划线任务。

(3) 根据图 1-92 给定的尺寸，利用分度头完成平面划线任务。

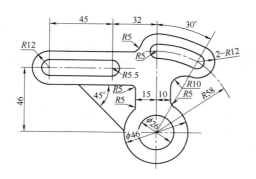

图 1-90　习题(1)图

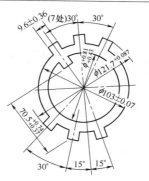

图 1-91　习题(2)图

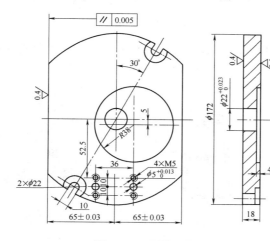

图 1-92　习题(3)图

第2章　模具检测量具与使用技巧

为确保模具零件和产品的质量，必须对加工完毕的模具零件进行严格的测量。掌握正确的测量方法和量具的正确使用方法，读取准确的测量数值，是模具钳工完成加工、装配工作的一个重要保证。

2.1　量　具　简　述

量具是用来测量、检验工件及产品尺寸和形状的工具，常用的量具如图 2-1 所示。量具根据其用途和特点可分为三类：万能量具、专用量具和标准量具，下面将分别进行介绍。

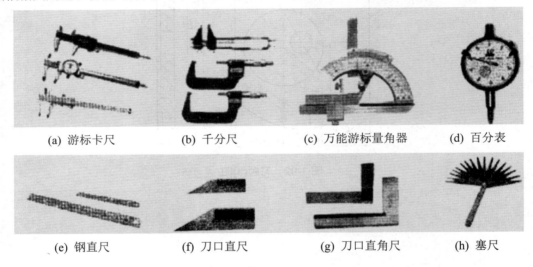

| (a) 游标卡尺 | (b) 千分尺 | (c) 万能游标量角器 | (d) 百分表 |

| (e) 钢直尺 | (f) 刀口直尺 | (g) 刀口直角尺 | (h) 塞尺 |

图 2-1　常用量具

1. 万能量具

该类量具一般都有刻度，能对不同工件、多种尺寸进行测量，在测量范围内可以测量出工件或产品的形状、尺寸的具体数据值。万能量具有游标卡尺、千分尺、百分表、万能角度尺等。

2. 专用量具

该类量具不能测量出实际尺寸，只能测定工件或产品的形状及尺寸是否合格，如卡规、量规(塞规、环规)、塞尺等。

3. 标准量具

该类量具只能制成某一固定尺寸，通常用来校对或调整其他量具，也可以作为标准与被测量件进行比较，如量块。

2.2　检测量具选择原则

在模具制造中，正确选择检测量具是保证模具质量、提高零件精度、保证装配性能要求、缩短制模周期的重要因素。

在生产中选择检测量具的原则有以下几条。

(1)　根据被测零件的尺寸公差，选择量具的分度值(i)和示值范围，使选择的分度值(i)和被测量零件的公差值(IT)满足下列关系。

一般情况下

$$i \leqslant (0.05 \sim 0.20)\text{IT}$$

当被测量的公差值很小时

$$i \leqslant (0.3 \sim 0.6)\text{IT}$$

所选量具的示值范围必须大于被测量零件的尺寸值。

(2)　根据测量的基本尺寸，选择量具的测量范围，即被测量的尺寸值必须在所选量具的测量范围之内。

(3)　所选量具的测量极限误差，必须小于或等于被测量的公差等级所允许的测量极限误差。被测量允许的测量极限误差一般按公差值的 1/10～1/3 作为确定测量极限误差的依据。对公差等级较高的取 1/5～1/3，对特别高精度的取 1/2，一般可取 1/5，较低精度的取 1/10～1/5。

各类检测量具的测量极限误差如表 2-1 和表 2-2 所示。

表 2-1　通用量具的测量极限误差

量具名称	分度值/mm	用途	基准量块 鉴定等别	基准量块 制造级别	被测工件尺寸范围/mm >1 ～10	>10 ～50	>50 ～80	>80 ～120	>120 ～180	>180 ～260	>260 ～360	>360 ～500
					测量极限误差(±)/μm							
游标卡尺	0.02	测外尺寸	绝对测量		40	40	45	45	45	50	60	70
		测内尺寸			—	50	60	60	65	70	80	90
	0.05	测外尺寸			80	80	90	100	100	100	110	110
		测内尺寸			—	100	130	130	150	150	150	150
	0.1	测外尺寸			150	150	160	170	190	200	210	230
		测内尺寸			—	200	230	260	280	300	300	300
游标深度尺	0.02	测深度			60	60	60	60	60	60	60	60
	0.05				100	100	150	150	150	150	150	150
	0.10				250	250	300	300	300	300	300	300
0 级千分尺	0.01	测外尺寸			4.5	5.5	8	7	8	10	12	15
1 级千分尺					7	8	9	10	12	15	20	25

续表

量具名称	分度值/mm	用途	基准量块		被测工件尺寸范围/mm							
			鉴定等别	制造级别	>1~10	>10~50	>50~80	>80~120	>120~180	>180~260	>260~360	>360~500
					测量极限误差(±)/μm							
2级千分尺	0.01	测外尺寸			12	13	14	15	18	20	25	35
1级测深千分尺	0.01	测深度			14	16	18	20				
2级测深千分尺	0.01	测深度			22	25	30	35				
1级内径千分尺	0.01	测内尺寸			—	—	18	20	22	25	30	35
2级测深千分尺					—	—	20	25	30	35	40	45
杠杆千分尺	0.002	测外尺寸			3	4	—					
0级百分表	0.01	在一圈范围内	6	3	10	10	10	11	11	12	12	13
1级百分表					15	15	15	15	15	16	16	16
0级内径百分表	0.01	在一圈范围内	6	3	11	11	12	12	13	14	14	15
1级内径百分表					16	16	17	17	18	19	19	20
千分表	0.002		6	3	3	3	3.5	4	5	6	7	8.5

表2-2 测量仪器的测量极限误差

测量器具名称	分度值/mm	用途	基准量块		被测工件尺寸范围/mm						
			鉴定等别	制造级别	>1~10	>10~50	>50~80	>80~120	>120~180	>180~260	>260~360
					测量极限误差(±)/μm						
立式和卧式光学计、万能测长仪	0.001	测外尺寸	3	0	0.35	0.5	0.6	0.8	0.9	1.2	1.4
			4	1	0.4	0.6	0.8	1	1.2	1.8	2.5
			5	2	0.7	1	1.3	1.6	1.4	—	—
卧式光学计、万能测长仪	0.001	测内尺寸	3	0	—	0.9	1.1	1.3	1.4	1.6	—
			4	1	—	1	1.4	1.6	1.8	2.3	—
			5	2	—	1.4	1.8	2	2.2	3.0	—
大型工具显微镜	0.01	各种形状	绝对测量		5	5	—	—	—	—	—
			5	2	2.5	2.5	—	—	—	—	—
万能工具显微镜	0.001	各种形状	绝对测量		1.5	2	—	—	—	—	—

(4) 根据各类检测量具的用途、测量精度选择量具。表 2-3 列出了几种常用量具所能测量的零件公差等级，供选择时参考。

表 2-3　常用量具所能测量的零件公差等级

量具名称		被测零件的尺寸公差等级(IT)
游标卡尺	0.02 mm 的卡尺	11～16
	0.05 mm 的卡尺	12～16
	0.1 mm 的卡尺	16
千分尺	0 级千分尺	6～8
	1 级千分尺	8～9
	2 级千分尺	9～11
0.002 mm 的杠杆千分尺		5
0.002 mm 的杠杆卡规		5
百分表	0 级百分表	6～8
	1 级百分表	8～10
千分表	0.02 的千分表	5～8
	0.001 的千分表	5～7

(5) 选择量具时除考虑以上各种因素外，还应注意以下几点。

① 根据模具零件结构的特点、形状、尺寸大小、重量、材料、刚性以及检测部位和表面精度等选择不同的量具及测量方法。

② 根据被测工件所处的状态(静态、动态)选用测量量具。

③ 根据工件的加工方法、测量基准面、批量来选择量具，如单件生产选用通用量具，大批量生产采用专用极限量具进行检测。

2.3　通用量具的使用与测量技巧

凡利用尺身和游标刻线间长度之差原理制成的量具，统称为游标类量具。游标类量具是一种中等精度的量具，可以直接量出工件的外径、孔径、长度、深度、孔距和角度等尺寸。常用的游标类量具有游标卡尺、游标高度尺、游标深度尺、齿厚游标卡尺和万能角度尺等。长度粗测量工具有钢板尺与钢卷尺。直角测量工具有 90°角尺。

2.3.1　钢板尺与钢卷尺

钢板尺与钢卷尺均为粗测量工具，误差较大。

1. 钢板尺

钢板尺的规格与划线见 1.4.2 节的内容。
钢板尺的应用如图 2-2 所示。

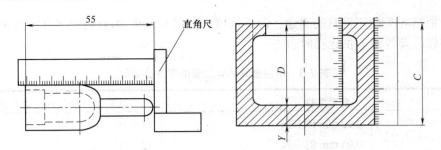

图 2-2　用钢板尺直接测量

2. 钢卷尺

钢卷尺有 1 m、2 m、3 m、5 m 等多种规格。使用时，用尺端的挂钩钩住工件的边缘来测量尺寸。无法利用挂钩时，可将尺端让过一段尺寸来使用，使量取的尺寸更准确，如图 2-3 所示。

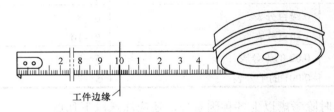

图 2-3　钢卷尺及其用法

2.3.2　90°角尺

90°角尺又称直角尺，是钳工必备的工具之一，如图 2-4(a)所示。

使用技巧：

(1)　同钢直尺一样，在长度允许的范围内，可以利用 90°角尺上的刻度来量取长度，或测量零部件的尺寸。

(2)　用来作划线基准，可以划垂直线、平行线，如图 2-4(b)、(c)、(d)所示。

(3)　用来测量零部件的垂直度，如图 2-4(e)所示。

(a) 90°角尺　　　　　(b) 垂直线　　　　　(c) 平行线

图 2-4　角尺及其使用

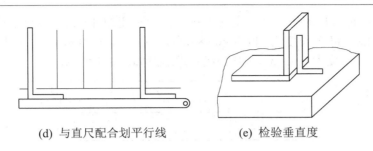

(d) 与直尺配合划平行线　　　(e) 检验垂直度

图 2-4　角尺及其使用(续)

2.3.3　游标类量具

常用游标类量具有游标卡尺、游标高度尺和深度尺、万能游标角度尺等。

1. 游标卡尺

游标卡尺是一种中等精度的量具，游标卡尺的规格有 0～125 mm、0～150 mm、0～200 mm、0～500 mm、0～1000 mm。

1)　游标卡尺的结构

如图 2-5 所示，游标卡尺由尺身(主尺)、游标(副尺)、固定量爪、活动量爪、止动螺钉等组成，精度有 0.1 mm、0.05 mm 和 0.02 mm 三种。

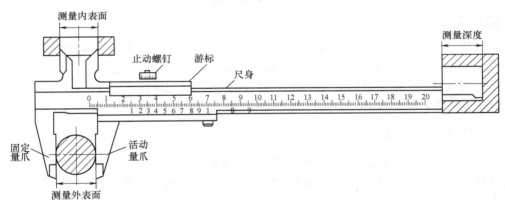

图 2-5　游标卡尺

2)　游标卡尺的刻线原理

0.05 mm 游标卡尺刻线原理：主尺上每一格的长度为 1 mm，副尺总长度为 39 mm，并等分为 20 格，每格长度为 39/20=1.95 mm，则主尺 2 格和副尺 1 格的长度之差为 0.05 mm，所以其精度为 0.05 mm，其刻线原理示意如图 2-6 所示。

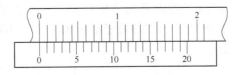

图 2-6　0.05 mm 游标卡尺刻线原理

0.02 mm 游标卡尺刻线原理：主尺上每一格的长度为 1 mm，副尺总长度为 49 mm，并等分为 50 格，每格长度为 49/50=0.98 mm，则主尺 1 格和副尺 1 格的长度之差为 0.02 mm，所以其精度为 0.02 mm，其刻线原理示意如图 2-7 所示。

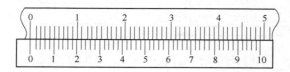

图 2-7   0.02 mm 游标卡尺刻线原理

3)   游标卡尺的读数方法

首先读出游标副尺零刻线以左主尺上的整毫米数，再看副尺上从零刻线开始第几条刻线与主尺上的某一刻线对齐，其游标刻线数与精度的乘积就是不足 1 mm 的小数部分，最后将整毫米数与小数相加就是测得的实际尺寸。游标卡尺读数方法示意如图 2-8 所示。

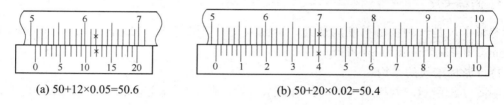

(a) 50+12×0.05=50.6   (b) 50+20×0.02=50.4

图 2-8   游标卡尺读数方法

使用技巧：

(1)   测量前应将游标卡尺擦拭干净，检查量爪贴合后主尺与副尺的零刻线是否对齐。

(2)   测量时，所用的推力应使两量爪紧贴工件表面，力量不宜过大。

(3)   测量时，应拿正游标卡尺，避免歪斜，保证主尺与所测尺寸线平行。

(4)   读数时，应正视游标卡尺，避免视线误差的产生。

2. 游标高度尺和深度尺

游标高度尺(划线高度尺)由尺身、游标、划线脚和底盘组成，划线脚镶有硬质合金。它能直接表示出高度尺寸，其读数精度一般为 0.02 mm，通常作为精密划线工具使用，如图 2-9 所示。

使用技巧：

(1)   游标高度尺作为精密划线工具，不得用于粗糙毛坯表面的划线。

(2)   用完以后应将游标高度尺、深度尺擦拭干净，涂油装盒保存。

3. 万能游标角度尺

万能游标角度尺是用来测量工件内外角度的量具，按游标的测量精度分为 2′ 和 3′ 两种，测量范围为 0°～320°，其中精度为 2′ 的万能游标角度尺应用较广。

1)   万能游标角度尺的结构

万能游标角度尺主要由尺身、扇形块、基尺、游标、90°角尺和卡块等组成，如图 2-10 所示。

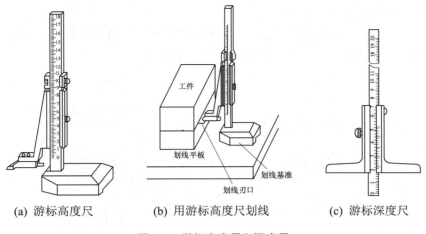

(a) 游标高度尺　　　　(b) 用游标高度尺划线　　　　(c) 游标深度尺

图 2-9　游标高度尺和深度尺

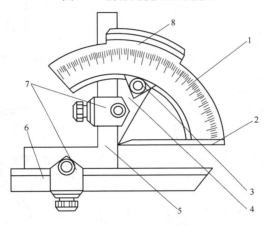

图 2-10　万能游标角度尺

1—尺身　2—基尺　3—制动器　4—扇形块　5—90°角尺　6—直尺　7—卡块　8—游标

2)　2′万能游标角度尺的刻线原理

角度尺尺身刻线每格为 1°，游标共有 30 个格，等分 29×60′/30=58′，尺身 1 格和游标 1 格之差为 2′，因此其测量精度为 2′。

3)　万能游标角度尺读数方法

万能游标角度尺的读数方法与游标卡尺的读数方法相似，先从尺身上读出游标零刻线前的整度数，再从游标上读出角度数，两者相加就是被测工件的度数值，如图 2-11 所示。

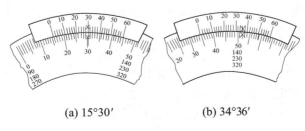

(a) 15°30′　　　　　　　(b) 34°36′

图 2-11　万能游标角度尺读数方法

4) 万能游标角度尺的测量范围

在万能游标角度尺的结构中，由于直尺和 90°角尺可以移动和拆换，因此万能游标角度尺可以测量 0°～320°之间的任意角度，如图 2-12 所示。

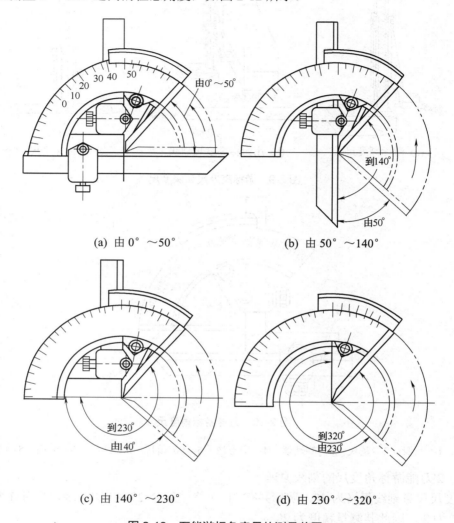

(a) 由 0°～50°   (b) 由 50°～140°

(c) 由 140°～230°   (d) 由 230°～320°

图 2-12　万能游标角度尺的测量范围

使用技巧：

(1) 使用前检查角度尺的零位是否对齐。

(2) 测量时，应使角度尺的两个测量面与被测件表面在全长上保持良好接触，然后拧紧制动器上的螺母进行读数。

(3) 测量角度在 0°～50°范围内，应装上角尺和直尺。

(4) 测量角度在 50°～140°范围内，应装上直尺。

(5) 测量角度在 140°～230°范围内，应装上角尺。

(6) 测量角度在 230°～320°范围内，不装角尺和直尺。

2.3.4　千分尺

千分尺是一种精密测量的测微量具，用来测量加工精度较高的工件，其测量准确度为 0.01 mm。千分尺可分为外径千分尺、内径千分尺和深度千分尺。

1. 千分尺的结构

外径千分尺主要由尺架、砧座、固定套管、微分管、锁紧装置、测微螺杆、测力装置等组成。其规格按测量范围分为 0～25 mm、25～50 mm、50～75 mm、75～100 mm、100～125 mm、125～150 mm 等，使用时按被测工件的尺寸大小选用。其结构如图 2-13 所示。

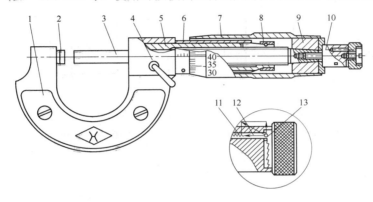

图 2-13　外径千分尺

1—尺架　2—砧座　3—测微螺杆　4—锁紧手柄　5—螺纹套　6—固定套管
7—微分管　8—螺母　9—接头　10—测力装置　11—弹簧　12—棘轮爪　13—棘轮

内径千分尺主要由固定测头、活动测头、螺母、固定套管、微分管、调整量具、管接头、管套、量杆等组成。它的测量范围可达 13 mm 或 25 mm，最大不超过 50 mm。为扩大测量范围，成套的内径千分尺还带有各种尺寸的接长杆。其结构如图 2-14 所示。

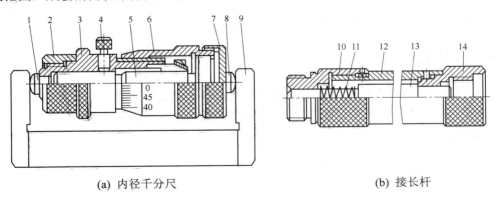

(a)　内径千分尺　　　　　　　　　　　　　　(b)　接长杆

图 2-14　内径千分尺

1—固定测头　2—螺母　3—固定套管　4—锁紧装置　5—测微螺母　6—微分管
7—螺母　8—活动测头　9—调整量具　10、14—管接头　11—弹簧　12—管套　13—量杆

2. 千分尺的刻线原理

千分尺测微螺杆上的螺距为 0.5 mm，当微分管转一圈时，测微螺杆就沿轴向移动 0.05 mm，固定套管上刻有间隔为 0.5 mm 的刻线，微分管圆锥面上共刻有 50 个格，因此微分管每转一周，螺杆就移动 0.5 mm/50＝0.01 mm，因此千分尺的精度值为 0.01 mm。

3. 千分尺的读数方法

首先读出微分筒边缘位于固定套管主尺上的毫米数和半毫米数，然后看微分管上哪一格与固定套管上的基准线对齐，并读出相应的不足半毫米数，最后把两个读数相加就是测得的实际尺寸。读数方法示意如图 2-15 所示。

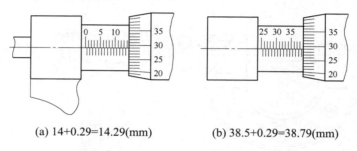

(a) 14+0.29=14.29(mm)　　　　(b) 38.5+0.29=38.79(mm)

图 2-15　千分尺的读数方法

使用技巧：

(1) 测量前，转动千分尺的测力装置，使两侧砧面贴合，检查是否密合；同时检查微分管与固定套管的零刻度线是否对齐。

(2) 测量时，在转动测力装置时，不要用大力转动微分管。

(3) 测量时，先转动微分管，当测量面与被测工件贴合时，保持测微螺杆的轴线与工件表面垂直，此时改用棘轮转动测力装置，直到棘轮发出"嗒嗒"声为止。

(4) 读数时，最好不要取下千分尺再读数，如确需取下，应首先锁紧测微螺杆，防止尺寸变动。

(5) 读数时，不要漏读 0.5 mm。

2.3.5　百分表

百分表是一种指示式测量仪，用来检验机床精度和测量工件的尺寸、形状和位置误差，如圆度、圆跳动、平面度和直线度等，其测量精度为 0.01 mm。

1. 百分表的结构

百分表的结构如图 2-16 所示，由触头、测量杆、齿轮、指针、表盘等组成，测量时需与表夹和表座配合使用。

2. 百分表的刻线原理

当测量杆上升 1 mm 时，百分表的长针正好转动一周，由于百分表的表盘上共刻有

100 个等分格，所以长针每转一格，则测量杆移动 0.01 mm。

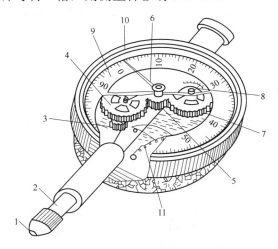

图 2-16　百分表的组成

1—触头　2—测量杆　3—小齿轮　4、7—大齿轮　5—中间小齿轮
6—长指针　8—短指针　9—表盘　10—表圈　11—拉簧

3. 百分表的读数方法

长指针每转一格为 0.01 mm，短指针每转一格为 1 mm，测量时把长短指针读数相加即为测量读数。

4. 安装与使用技巧

百分表的安装与使用技巧如图 2-17 所示。

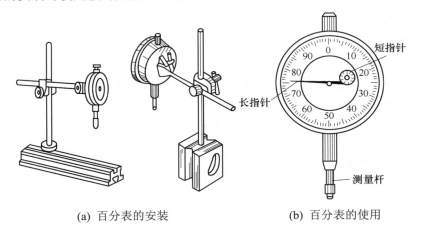

(a) 百分表的安装　　　　　　　(b) 百分表的使用

图 2-17　百分表的安装与应用

使用技巧：

(1) 使用前检查表盘和指针有无松动。

(2) 将百分表装夹在合适的表座上，用手指向上轻抬测头，然后让其自由落下，重复

几次，此时长指针不应产生位移。

(3) 测量时先将测量杆轻轻提起，把表架或工件移到测量位置后，缓慢放下测量杆，使之与被测面接触，不可强制把测量头推上被测面。然后转动刻度盘使其零位对正长指针，此时要多次重复提起测量杆，观察长指针是否都在零位上，在不产生位移的情况下才能读数。

(4) 测平面时，测量杆要与被测平面垂直。测圆柱体时，测量杆中心必须通过工件中心，即触头在圆柱最高点。注意测量杆应有 0.3～1 mm 的压缩量，保持一定的初始力，以免由于存在负偏差而测不出值来。

2.3.6　塞尺

塞尺又称厚薄规，是用来检验两个结合面之间间隙大小的片状量规。塞尺由一组薄钢片组成，厚度一般为 0.01～1 mm，长度有 50 mm、100 mm、200 mm 等多种规格，每片有两个平行的测量面，用于测量零件之间的微小间隙，如图 2-18 所示。

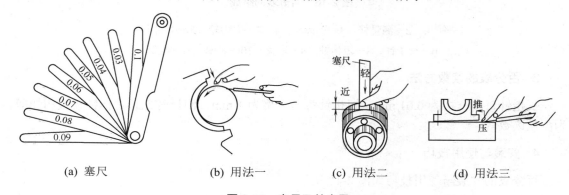

(a) 塞尺　　　　　　(b) 用法一　　　　　(c) 用法二　　　　　(d) 用法三

图 2-18　塞尺及其应用

使用技巧:

(1) 使用时应根据间隙大小选择塞尺的薄片数，可用一片或数片重叠在一起使用。
(2) 由于塞尺的片很薄，容易弯曲和折断，因此测量时不能用力过大。
(3) 不要测量高温零件，以免变形，影响精度。
(4) 用完后要擦拭干净，及时放到夹板中。

2.3.7　塞规与卡规、环规

塞规与卡规是用于测量成批生产工件的一种专用量具，操作方便、测量准确。

1. 塞规

塞规用来测量孔径和槽宽。较长的一端，其直径等于孔径的最小极限尺寸，称为"通端"；较短的一端，其直径等于孔径的最大极限尺寸，称为"止端"。测量孔径时，若"通端"能进去，而"止端"进不去，即为合格。塞规及其使用方法如图 2-19 所示。

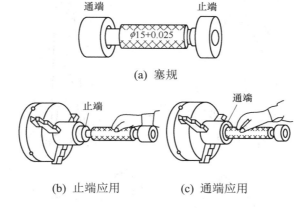

图 2-19　塞规及其应用

2. 卡规、环规

卡规用来测量轴径或厚度。一端为"通端"，其宽度等于最大极限尺寸；另一端为"止端"，其宽度等于最小极限尺寸。测量轴径时，若"通端"能通过，而"止端"通不过，即为合格。环规用来测量直径，用法同卡规一样。卡规、环规及其使用方法如图 2-20 所示。

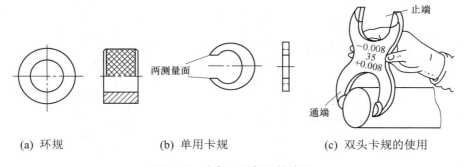

图 2-20　卡规、环规及其使用

2.3.8　内、外卡钳

内、外卡钳是一种间接测量工具，当由于工件或测量场合的限制而无法使用游标类量具或千分尺等测量工具时，才使用该类测量工具，其测量精度较差。内、外卡钳及其应用如图 2-21 所示。

使用技巧：

(1) 使用时应先在工件上度量后，再与带读数的量具进行比较，然后得出读数；或者先在读数的量具上度量出必要的尺寸后，再和所要测量的工件进行比较。

(2) 两卡脚的测量面与工件接触要正确，调整卡钳使卡脚与工件感觉稍有摩擦即可，如图 2-22 所示。

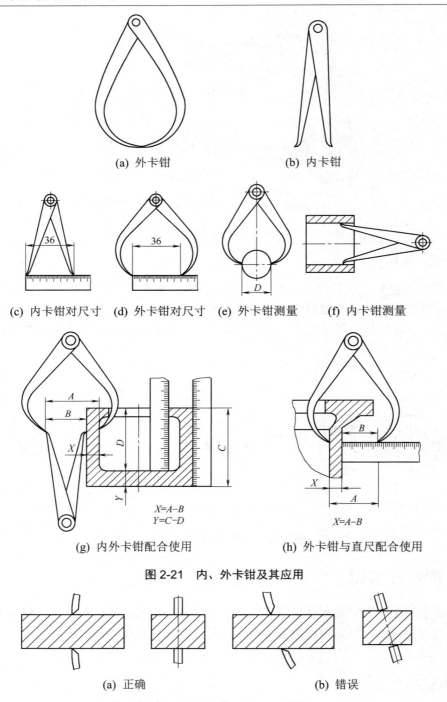

(a) 外卡钳　　　　　　　　(b) 内卡钳

(c) 内卡钳对尺寸　(d) 外卡钳对尺寸　(e) 外卡钳测量　(f) 内卡钳测量

$X=A-B$
$Y=C-D$

(g) 内外卡钳配合使用　　　　(h) 外卡钳与直尺配合使用

$X=A-B$

图 2-21　内、外卡钳及其应用

(a) 正确　　　　　　　　　　(b) 错误

图 2-22　卡钳测量面与工件的接触方法

2.3.9　半径样板

半径样板(半径规、R 规)用来检测工件圆弧部分的曲面半径，有时作为极限量规使用，如图 2-23 所示。它由一组薄钢片组成，厚度约 1 mm，一端为凸圆弧，另一端为凹圆弧，根据半径大小通常分为 3 套，即 $R1 \sim R6.5$、$R7 \sim R14.5$、$R15 \sim R25$。

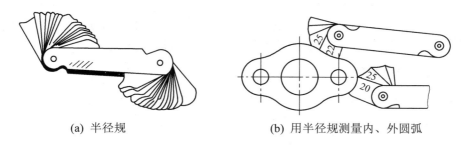

(a) 半径规   (b) 用半径规测量内、外圆弧

图 2-23 半径样板及其应用

使用技巧：

(1) 半径样板最小只能测量 $R1$，最大只能测量 $R25$，如果半径小于 $R1$ 或大于 $R25$ 就需要自制半径样板。

(2) 测量时半径样板圆弧与零件轮廓圆弧相吻合，半径样板上的标值即为零件圆弧半径。

(3) 当光线不足，半径样板与零件圆弧吻合程度难以判断时，可通过对灯看缝隙大小来判断。

2.3.10 螺纹样板

螺纹样板(螺纹规)用于检测低精度普通螺纹的螺距和牙型。规格有米制 60°螺纹样板和英制 55°螺纹样板两种。它由一组厚度约 1 mm 的薄钢片加工而成，米制 60°螺纹样板有 20 片，可以检测的螺距为 0.4～6 mm，共 20 种；英制 55°螺纹样板有 24 片，从 4 牙/英寸到 60 牙/英寸，共 24 种，如图 2-24 所示。

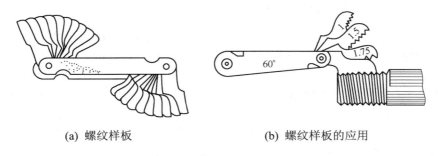

(a) 螺纹样板   (b) 螺纹样板的应用

图 2-24 螺纹样板及其应用

使用技巧：

(1) 选用螺纹样板测量时，样板牙型大小与被测零件上的螺纹牙型大小相吻合，样板标值即为所测零件螺距。

(2) 英制 55°螺纹样板除用来测量英制螺纹外，还可测量管螺纹及锥管螺纹。

(3) 当光线不足，螺纹样板与零件螺纹的吻合程度难以判断时，可通过对着灯光看缝隙大小来判断。

2.3.11 水平仪

水平仪是一种测量小角度的精密量具，用来测量平面对水平面或竖直面的位置偏差，是机械设备安装、调试和精度检验的常用量具之一。

1. 方框式水平仪的结构

方框式水平仪由正方形框架、主水准器和调整水准器(也称横水准器)组成，如图 2-25 所示。

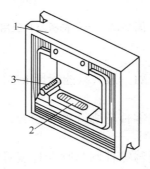

图 2-25 方框式水平仪

1—正方形框架 2—主水准器 3—调整水准器

水准器是一个封闭的玻璃管，管内装有酒精或乙醇，并留有一定长度的气泡。玻璃管内表面制成一定曲率半径的圆弧面，外表面刻有与曲率半径相对应的刻线。由于水准器内的液面始终保持在水平位置，气泡总是停留在玻璃管内最高处，因此当水平仪倾斜一个角度时，气泡将相对于刻线移动一段距离。

2. 方框式水平仪的刻线精度与刻线原理

方框式水平仪的精度是以气泡偏移一格时，被测平面在 1 m 长度内的高度差来表示的。如水平仪偏移一格，平面在 1 m 长度内的高度差为 0.02 mm，则水平仪的精度就是 0.02/1000。

方框式水平仪的刻线原理如图 2-26 所示。假定平板处于水平位置，在平板上放置一根 1 m 的平行尺，平行尺上水平仪的读数为零，即处于水平状态。如果将平尺一端垫高 0.02 mm，相当于平尺与平板成 4″的夹角。若气泡移动的距离为一格，则水平仪的精度就是 0.02/1000，读作千分之零点零二。

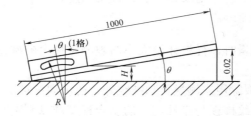

图 2-26 水平仪刻线原理

根据水平仪的刻线原理，可以计算出被测平面两端的高度差，公式为

$$\Delta h = nli$$

式中：Δh——被测平面两端的高度差，mm；

　　　n——水准器气泡偏移格数；

　　　l——被测平面的长度，mm；

　　　i——水平仪的精度。

实例　将精度为 0.02/1000 的方框式水平仪放置在 600 mm 的平行尺上，若水准器中的气泡偏移 2 格，试求出平尺两端的高度差。

解：已知 i=0.02/1000，l=600mm，n=2，则平尺两端的高度差为

$$\Delta h = nli = 2 \times 600 \times 0.02/1000 = 0.024(\text{mm})$$

3. 方框式水平仪的读数方法

(1) 直接读数法：水准器气泡在中间位置时读作零。以零刻线为基准，气泡向任意一端偏离零刻线的格数，就是偏差的格数。通常在测量中，都是由左向右测量，把气泡向右移动作为"+"，反之则为"–"。如图 2-27 所示为+2 格偏差。

(2) 间接读数法：当水准器的气泡静止时，读出气泡两端各自偏离零刻线的格数，然后将两格相加除以 2，所得的平均值即为读数，如图 2-28 所示。

[(+4)+(+3)]/2=3.5，即 3.5 格偏差。

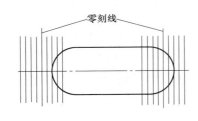

图 2-27　直接读数法

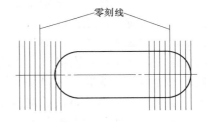

图 2-28　间接读数法

使用技巧：

(1) 零值的调整方法，将水平仪的工作底面与检验平板或被测表面接触，读取第一次读数；然后在原地旋转 180°，读取第二次读数；两次读数的代数差除以 2 即为水平仪的零值误差。

(2) 普通水平仪的零值正确与否是相对的，只要水平仪的气泡在中间位置，就表明零值正确。

(3) 测量时，一定要等到气泡稳定不动后再读数。

(4) 读数时，由于间接读数法不受温度影响，因此读数时尽量采用间接读数法，使之读数更准确。

2.3.12　平台检测与平板

平台检测是在检验平台(见图 2-29)上利用通用量具和辅助检测量具对模具零件进行检测的方法。所需量具主要是平板和简单量具。采用该方法可检测几何形状比较复杂的零件

或样板。

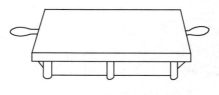

图2-29 铸铁检测平板

平板是平台检测技术中最主要的测量工具，是检测中的主要定位基准平面。

平板的材料有铸铁和岩石，硬度值为180～220HBS。

平板精度指标主要是测量表面的平面度。按其平面度值要求，平板可分为 0 级、1 级、2 级和 3 级，其中 0 级精度最高。

2.3.13　量块

量块又称块规、量规、标准对板，成套用于测量精密工件或量规的正确尺寸，或用于调整、校正、校检测量仪器、工具，是技术测量上长度计量的基准。如图 2-30 所示为套装量块。

由于量块的一个测量面与另一个测量面间具有能够研合的性能，因此可从成套的各种不同尺寸的量块中选取适当的量块组成所需的尺寸。为了减小量块组的长度累计误差，选取的量块块数要尽量少，通常以不超过 4 块为宜。

研合量块时，首先用优质汽油将选用的各量块清洗干净，并用干净布料擦拭干净，然后以大尺寸量块为基础，顺次将小尺寸量块研合上去。研合方法如图 2-31 所示，将量块沿着其测量面长边方向，先将两块量块测量面的端缘部分接触并研合，然后稍加压力，将一块沿着另一块推进，使两块量块的测量面全部接触，并研合在一起。使用量块时要小心，要避免碰撞或跌落，切勿划伤测量面。

图2-30 量规

图2-31 量块的研合

Ⅰ—加力方向　Ⅱ—推进方向

2.3.14　表面粗糙度比较样块

当对型腔模具表面粗糙度有一定要求时，常用表面粗糙度比较样块进行比较。以样块工作表面的表面粗糙度为标准，与待测工件表面进行比较，从而判断工件表面粗糙度值。比较时所用样块须与被测工件的加工方法相同，以减少检测误差，提高判断准确性。当大批生产时，也可从加工零件中挑选出样品，经鉴定后作为表面粗糙度样板使用。

　　比较法具有简单易行的优点，适合在车间或现场使用。缺点是评定的可靠性很大程度上取决于检验人员的经验。因此，比较法只适用于评定对表面粗糙度要求不是太高的模具零件。

　　如图 2-32 所示为套装表面粗糙度比较样块，规格如表 2-4 所示。

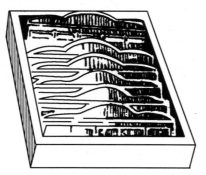

图 2-32　表面粗糙度比较样块

表 2-4　表面粗糙度比较样块

表面加工方式		每套数量	表面粗糙度参数公称值/μm	
			R_a	R_z
铸造 (GB/T 6060.1—1997)		12	0.2，0.4，0.8，1.6，3.2，6.3，12.5，25，50，100	800，1600
机加工 (GB/T 6060.1—1997)	磨	8	0.025，0.05，0.1，0.2，0.4，0.8，1.6，3.2	—
	车、镗	6	0.4，0.8，1.6，3.2，6.3，12.5	—
	铣	6	0.4，0.8，1.6，3.2，6.3，12.5	—
	插、刨	6	0.8，1.6，3.2，12.5	—
电火花(GB 6060.3—86)		6	0.4，0.8，1.6，3.2，12.5	—
抛丸、喷砂(GB 6060.4—88)		10	0.2，0.4，0.8，1.6，3.2，6.3，12.5，25，50，100	—
抛光(GB 6060.5—86)		7	0.012，0.025，0.05，0.1，0.2，0.4，0.8	

注：R_a——表面轮廓算术平均偏差；

　　R_z——表面轮廓微观不平度 10 点高度。

2.3.15　角度、锥度测量工具与使用技巧

　　在角度和锥度测量中，属于直接测量的量具有角度样板、锥度量规、万能量角器、测角仪、光学分度头、投影仪等。用于间接测量的量具有正弦尺、钢球、圆柱、指示表、万能工具显微镜等。本节只讲解角度样板、锥度量规、正弦尺、圆柱与圆球的测量与应用。

1. 角度样板

角度样板常用于检验螺纹车刀、成型刀具及模具零件上的斜面或倒角等。如图 2-33 所示为检验外锥体用的角度样板，它是根据被测角度的两个极限尺寸制成的，有通端和止端。检验工件角度时，若工件在通端样板中，光隙从角顶到角底逐渐增大；在止端样板中，光隙从角顶到角底逐渐减小，则表明角度在规定的两极限尺寸之内，被测角度合格。

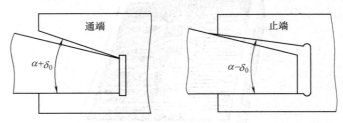

图 2-33　角度样板测量角度

2. 锥度量规

锥度量规一般用于批量零件或综合精度要求较高零件的检验。如图 2-34 所示为锥度量规的结构，在量规的基面端头处间距为 m 的两刻线或小台阶，代表圆锥基面距公差。

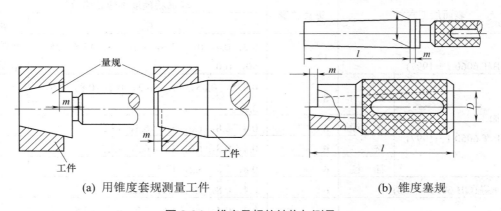

(a) 用锥度套规测量工件　　　　　　(b) 锥度塞规

图 2-34　锥度量规的结构与测量

用锥度量规检验工件时，按量规相对于被检零件端面的轴向移动量判断，如果零件圆锥端面介于量规两刻线之间则为合格。对锥体的直径、锥角、形状、精度有更高要求的零件检验时，除了要求用量规检验其基面距外，还要观察量规与零件锥体的接触斑点。即测量前，在量规表面 3 个位置沿母线方向均匀涂上一薄层红丹粉(用机油调成糊状)，然后与被测工件一起轻研，旋转 $1/3 \sim 1/2$ 圈，观察零件锥体着色情况，判断零件是否合格。通常接触面达到 80% 为合格。

3. 正弦尺

正弦尺(正弦规)是锥度测量常用量具，分宽形和窄形两种，工作零件及组成如图 2-35 所示。两圆柱中心距有 100 mm 和 200 mm 两种，根据被测零件的大小选用不同型号。

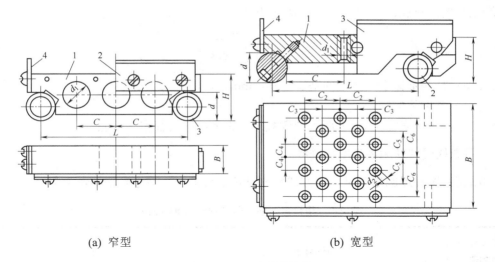

(a) 窄型　　　　　　　　　　　　　　(b) 宽型

图 2-35　正弦尺的结构

1—工作台　2、4—支承板　3—圆柱

正弦尺测量角度的原理和方法如图 2-36 所示。

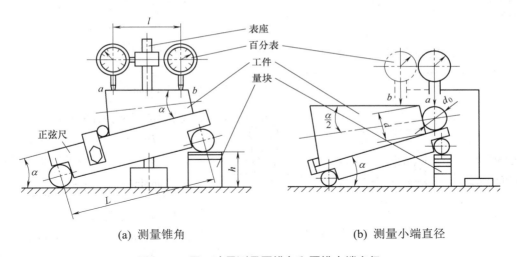

(a) 测量锥角　　　　　　　　　　　　(b) 测量小端直径

图 2-36　用正弦尺测量圆锥角和圆锥小端直径

首先按下式计算量块组的高度尺寸

$$h=L\sin\alpha$$

式中：h——量块组合高度尺寸，mm；

　　　L——正弦尺两圆柱中心距，mm；

　　　α——被测锥角的公称值，°。

按照图 2-36(a)所示方法将正弦尺和量块组安放在测量平板上，用指示表在被测圆锥母线两端相距 L 的 a、b 点进行测量。设 a、b 点的指示表读数差为 Δ，则被测圆锥角的偏差为

$$\delta_a=206\,265\Delta/L\approx\Delta/L\times2\times10^5$$

利用正弦尺和一个附加圆柱，可以测量圆锥的大端或小端直径。图 2-36(b)是测量外圆

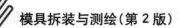

锥小端直径的示意图。附加圆柱直径 d_0 按下式计算：

$$d_0 = \frac{d}{\tan\frac{\alpha}{2} + \cos\frac{\alpha}{2}}$$

式中：d——被测锥体小端直径的基本尺寸，mm；

α——被测体的锥角，°。

测量时，指示表测量 a、b 两点的读数差即锥体小端直径实际偏差。

4. 用圆柱或圆球测量角度与锥度

利用精密圆柱或圆球，可以较方便地测量角度与锥度，测量方法如表 2-5 所示。

表 2-5　用精密圆柱或圆球测量角度与锥度

角度与锥度的测量	测量简图	计算公式
燕尾槽的测量	用圆柱测量燕尾槽锥角	$\tan\alpha = \dfrac{2h}{M_2 - M_1}$ 式中：α——被测锥角，°； h——量块组尺寸，mm； M_1、M_2——测量出的尺寸，mm
内外锥体锥角的测量	用圆球测量内、外锥体锥角	$\alpha = 2\arctan\dfrac{M_2 - M_1}{2H}$ 式中：α——被测锥角，°； H——量块组尺寸，mm； M_1、M_2——测量出的尺寸，mm。 $\alpha = 2\arcsin\dfrac{D/2 - d/2}{A_1 - A_2 - (D/2 - d/2)}$ 式中：α——被测锥角，°； D、d——钢球直径，mm； A_1、A_2——测量出的尺寸，mm
V 形槽角度的测量	用三圆柱测量 V 形槽角度	$\cos\angle AO_1O_2 = \dfrac{H_2 - H_1}{D}$ $\cos\angle AO_1O_3 = \dfrac{H_3 - H_1}{D}$ 式中：α——被测锥角，°； D——圆柱直径，mm； H_1、H_2、H_3——测量出的尺寸，mm

2.4　量具的维护与保养

为了保证量具的精度，延长量具的使用期限，在工作中应对量具进行必要的维护与保养。

维护与保养技巧：

(1) 测量前应将量具的各个测量面和工件被测量表面擦净，以免赃物影响测量精度和对量具的磨损。

(2) 量具在使用过程中，不要和其他工具、刀具放在一起，以免碰坏。

(3) 机床开动时，不要用量具测量工件，因为容易发生事故和损坏量具。

(4) 温度对量具的精度影响很大，因此，量具不要放在热源(电炉、暖气片等)附近，以免受热变形。

(5) 量具用完后，应及时擦净、上油，存放在专用盒中，保存在干燥处，以免生锈。

(6) 精密量具应实行定期鉴定和保养，若发现精密量具使用时有不正常现象，应及时送交计量单位检修。

本 章 小 结

本章介绍了常用量具的组成结构、读数方法和应用、测量技巧。通过本章的学习，要求熟练掌握本章介绍的各种量具的使用方法与测量技巧。

思考与练习

1. 填空题

(1) 量具按用途和特点不同，可分为＿＿＿＿量具、＿＿＿＿量具和＿＿＿＿量具。

(2) 游标卡尺的精度有＿＿＿＿mm、＿＿＿＿mm、＿＿＿＿mm 三种。

(3) 游标卡尺用来测量长度、＿＿＿＿、＿＿＿＿、＿＿＿＿和中心距。

(4) 万能游标角度尺是用来测量工件＿＿＿＿的量具，其测量精度有＿＿＿＿和＿＿＿＿两种，测量角度范围为＿＿＿＿＿。

(5) 千分尺是测量时常用＿＿＿＿量具之一，它的测量精度为＿＿＿＿mm。

(6) 塞尺是用来检验两结合面之间＿＿＿＿的片状量规。

(7) 量块用于调整、校正、校检测量仪器、工具，它是技术测量上长度计量的＿＿＿＿＿。

2. 选择题

(1) 刻度为 0.02 mm 的游标卡尺，当两边量爪合拢时，游标卡尺上的第 50 格与尺身的_____mm 对齐。

  A. 50   B. 49   C. 39   D. 29

(2) 用百分表测量平面时，其测量头应与平面_____。

  A. 平行   B. 垂直   C. 倾斜   D. 任意位置

(3) 下面游标卡尺测量面与工件接触正确的是_____。

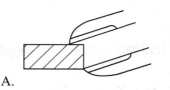  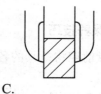

  A.   B.   C.

(4) 用螺纹规测量 M10 螺距时，应选用_____。

  A. 60°螺纹规   B. 55°螺纹规   C. 半径规   D. 钢板尺

(5) 测量零件内孔时，应选用_____。

  A. 环规   B. 卡规   C. 塞规   D. 半径规

(6) 卡钳不能测量_____。

  A. 外径   B. 内径   C. 壁厚   D. 深度

3. 简答题

(1) 简述 0.02 mm 游标卡尺的刻线原理。

(2) 简述千分尺的刻线原理。

(3) 简述百分表的刻线原理。

4. 计算题

(1) 用 200 mm×200 mm 方框水平仪测量长度为 1600 mm 的平面，测量时，气泡向右移动两格，已知水平仪刻度值为 0.05 mm/1000 mm，则该平面哪端高？高多少？

(2) 如图 2-37 所示，用中心距 L=200 mm 的正弦尺测量锥度为 1：30 的外圆锥体，试计算所需垫量块厚度 H。若百分表测量的指示数左端高于右端，问实际锥度大于还是小于要求值？

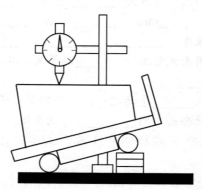

图 2-37 正弦尺测量应用实例

第3章　模具零件测量

衡量模具零件加工的质量有精度和表面质量两个指标。精度是指加工后工件的实际尺寸、形状等参数与绝对准确的理论参数相符合的程度。其偏差越小，则加工精度越高。精度包括尺寸精度、形状精度和位置精度三个方面。表面质量包括表面粗糙度和外观质量。

3.1　测量技术的概念

在生产和测绘中，尺寸精度和表面粗糙度的检测是不可缺少的重要工序。

1. 测量的概念

测量是指为确定被测量值而进行的一组操作过程，其实质是将被测的量 L 与具有计量单位的标准量 E 进行比较，从而确定比值 q 的过程，即 $q=L/E$。

2. 测量对象

测量对象主要指几何量，包括长度、角度、表面形状和位置误差、表面粗糙度以及螺纹、齿轮等的各种参数。

3. 计量单位

长度单位为米(m)，机械零件通用长度单位为毫米(mm)、微米(μm)；角度单位有弧度(rad)、度(°)、分(′)、秒(″)。

4. 测量方法

测量方法是指在进行测量时所采用的测量器具、测量原理和测量条件的总和。测量条件是指测量时零件和测量器具所处的环境，如温度、湿度、振动和灰尘等。

5. 测量精度

测量精度是指测量结果与真值的一致程度。测量结果越接近真值，则测量精度越高；反之，测量精度越低。

3.2　模具零件尺寸精度

模具零件尺寸精度是指尺寸准确的程度，尺寸精度由尺寸公差(简称公差)控制。

3.2.1 零件公差

公差是尺寸的允许变动量。公差越小，则精度越高；反之，精度越低。公差等于最大极限尺寸与最小极限尺寸之差，或等于上偏差与下偏差之差。

例如：外圆

$$\phi 80^{-0.03}_{-0.06}$$ ——上偏差 ——下偏差 ——基本尺寸

其最大极限尺寸=80-0.03=79.97(mm)，最小极限尺寸=80-0.06=79.94(mm)

则　尺寸公差=最大极限尺寸-最小极限尺寸=79.97-79.94=0.03(mm)

或　尺寸公差=上偏差-下偏差=-0.03-(-0.06)=0.03(mm)

模具零件的实际尺寸减其基本尺寸所得的代数差称为实际偏差。用量具检验时，当模具零件的实际偏差处于上下偏差之间时，即为合格。

3.2.2 零件公差等级

国家标准将反映尺寸精度的标准公差(IT)分为 20 级，表示为 IT01、IT0、IT1、IT2、…、IT18。IT01 的公差值最小，精度最高。常用的精度等级有 IT06～IT11，未注公差尺寸的公差等级有 IT12～IT18。同一个基本尺寸，若其公差等级相同，则公差值相等。

3.2.3 形状公差和位置公差特征项目及符号

形状公差和位置公差特征项目及符号如表 3-1 所示。

表 3-1　形位公差特征项目及符号

公差		特征项目	符号	有或无基准要求	公差		特征项目	符号	有或无基准要求
形状	形状	直线度	─	无	位置	定向	平行度	//	有
		平面度	▱	无			垂直度	⊥	有
		圆度	○	无			倾斜度	∠	有
		圆柱度	⌀	无		定位	位置度	⊕	有或无
形状或位置	轮廓	线轮廓度	⌒	有或无			同轴(同心)度	◎	有
							对称度	=	有
		面轮廓度	⌓	有或无		跳动	圆跳动	↗	有
							全跳动	↗↗	有

3.3　模具零件形状公差及其测量

模具零件形状公差是指模具零件上的被测要素(线和面)相对于理想形状的准确度，如直线度、平面度、圆度、圆柱度等，其精度由形状公差来控制。测量时，当实际的形状误差小于形状公差时，即为合格。

3.3.1　模具零件直线度及其测量

直线度是指被测表面直线偏离其理想形状的程度。直线度在图样上的标注方法如图 3-1(a)所示，测量方法如图 3-1(b)所示。将刀口形直尺沿给定方向与被测平面接触，并使两者之间的最大缝隙为最小，测得的最大缝隙即为此平面在该素线方向的直线度误差。

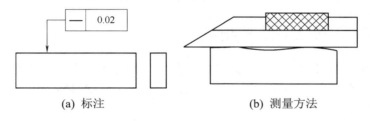

(a) 标注　　　　　　　　　　(b) 测量方法

图 3-1　直线度的标注及测量方法

3.3.2　模具零件平面度及其测量

平面度是指被测平面偏离其理想形状的程度。在图样上的标注如图 3-2(a)所示。图 3-2(b)为小型工件平面度误差的一种测量方法，将刀口形直尺与被测平面接触，在各个方向检测，其中最大缝隙的读数值，即为平面度误差。

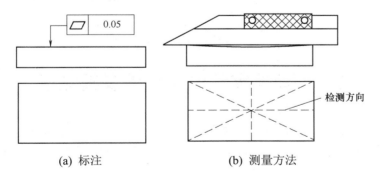

(a) 标注　　　　　　　　　　(b) 测量方法

图 3-2　平面度及测量方法

3.3.3　模具零件圆度及其测量

圆度是指被测圆柱面或圆锥面在正截面内的实际轮廓偏离其理想形状的程度，在图样上的标注如图 3-3(a)所示。图 3-3(b)为圆度仪检测圆度误差的方法。将被测工件放置在圆度仪上，调整工件的轴线使其与圆度仪的回转轴线同轴，测头每转一周，即可显示该测量截面的圆度误差。测量若干截面，其中最大的误差值即为被测圆柱面的圆度误差。

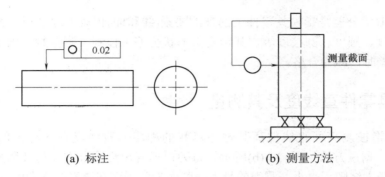

(a) 标注　　　　　　　　　　　(b) 测量方法

图 3-3　圆度及其测量方法

3.3.4　模具零件圆柱度及其测量

圆柱度是指被测圆柱面偏离其理想形状的程度，如图 3-4 所示。圆柱度误差的检测方法与圆度误差的检测方法基本相同，不同的是测量头在无径向偏移情况下，要检测若干个横截面，以确定圆柱度的误差。

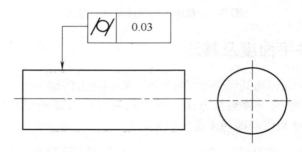

图 3-4　圆柱度标注

3.4　模具零件位置公差及其测量

位置精度是指模具零件被测要素(线和面)相对于基准的位置准确度。如平行度、垂直度、同轴度、圆跳动、对称度等，其精度由位置公差来控制。实际的位置误差小于或等于位置公差，即为合格。

3.4.1　模具零件平行度及其测量

平行度是指工件上被测要素(线和面)相对于基准平行方向所偏离的程度，如图 3-5(a)所示。图 3-5(b)为单个零件两面平行度误差的一种检验方法，将被测零件放在检验平板上，移动百分表，在被测表面上按规定测量线进行测量，百分表的最大与最小读数之差即为平行度误差。

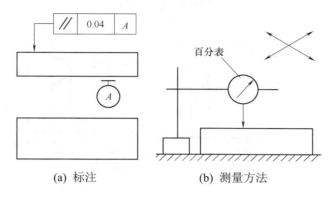

(a) 标注　　　　(b) 测量方法

图 3-5　平行度标注与测量方法

如图 3-6 所示为冲压模架上模座对下模座平行度检测方法。将装配好的上下模座合拢，中间垫以球面垫块，测量时模架放在精密平板上，移动千分表架或推动模架，在被测面上用千分表测量，最大与最小读数差即为模架的平行度误差。

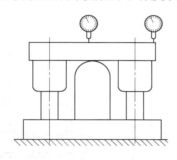

图 3-6　冲压模架平行度测量

3.4.2　模具零件垂直度及其测量

垂直度是指工件上被测要素(线或面)相对于基准垂直方向所偏离的程度，其公差标注如图 3-7(a)所示。

垂直度的测量有以下两种方法。

1. 90°角尺测量垂直度

图 3-7(b)所示为垂直度误差的一种检测方法，测量 90°角尺窄边之间的缝隙，最大缝隙与最小缝隙即为垂直度误差。

2. 用百分表测量垂直度

如图 3-8 所示为冲压模架导柱与模座垂直度测量方法。在装配冲压模架时，利用压力机或铜棒将导柱装入下模座的过程中，需测量与校正导柱对下模座的垂直度。百分表在图示两个方向上按规定的测量线分别对导柱进行测量，得到两个方向的测量读数值，即为图

示两个方向的垂直度误差 Δ_x、Δ_y，则导柱对下模座的垂直度误差为

$$\Delta\max = \sqrt{\Delta_x^2 + \Delta_y^2}$$

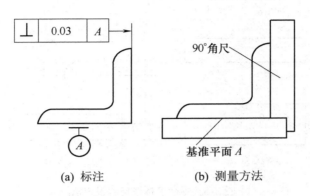

(a) 标注　　　　　　　　(b) 测量方法

图 3-7　垂直度标注与测量方法

　　如图 3-9 所示为冲压模架导套对上模板的垂直度测量方法。将装有导套的上模板反置于测量平板上，导套内插入芯棒，测量芯棒的轴线垂直度，可得导套内孔对模座平面的垂直度误差。

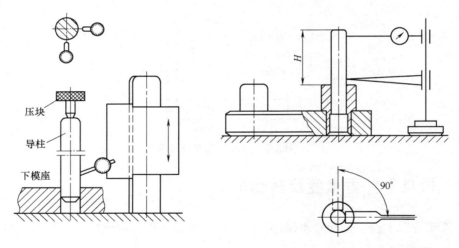

图 3-8　导柱对模座垂直度测量　　　　图 3-9　导套内孔对模座垂直度测量

3.4.3　模具零件同轴度及其测量

　　同轴度是指工件上被测轴线相对于基准轴线所偏离的程度，其公差标注如图 3-10(a)所示。图 3-10(b)为同轴度误差的一种检测方法，将基准轴线 A、B 的轮廓表面的中间截面放置在 V 形铁上，首先在轴向测量，取上下两个百分表在垂直于基准轴线的正截面上测得的各对应点的读数值 M_a-M_b 作为在该截面上的同轴度误差；再转动工件，按上述方法测量若干个截面，取各截面测得的读数差中的最大绝对值作为该工件的同轴度误差。

　　如图 3-11 所示为冲压模架上模板导套内外圆同轴度的测量方法。在冲压模架上装配导

套时，除了要保证导套对模板的垂直度外，还需保证两导套安装后中心孔距精度，这就需要保证导套外圆装配部位与内孔的同轴度要求。测量时，将上模板翻转套在导柱上，套上导套并旋转导套，用千分表检测导套压配部位内外圆同轴度，并将其最大偏差放在两导套中心连线的垂直位置上(前面或后面)，以减少由于不同轴而引起的中心距变化。

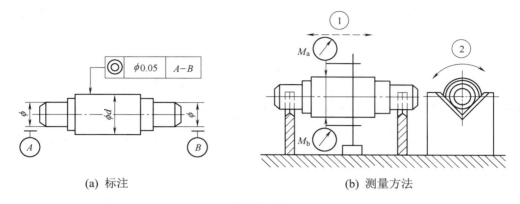

(a) 标注　　　　　　　　　　　　　　(b) 测量方法

图 3-10　同轴度标注与测量方法

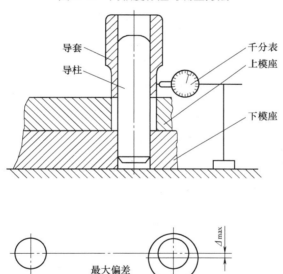

图 3-11　导套内外圆同轴度测量方法

3.4.4　模具零件圆跳动及其测量

圆跳动是指在被测圆柱面的任一横截面上或端面的任一直径处，在无轴向移动情况下，围绕基准轴线回转一周时，沿径向或轴向的跳动程度。径向圆跳动和端面圆跳动的公差标注如图 3-12(a)所示，测量方法如图 3-12(b)所示。当工件旋转一周时，百分表最大与最小读数之差即为径向圆或端面圆跳的误差。

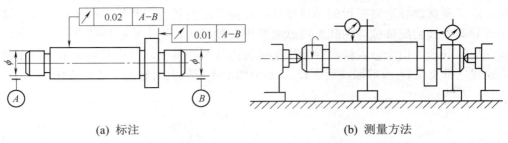

(a) 标注   (b) 测量方法

图 3-12   圆跳动标注与测量方法

3.4.5   模具零件对称度及其测量

对称度是指要求共面的被测要素(中心平面、中心线或轴线)偏离基准要素的程度，其公差标注如图 3-13 所示。

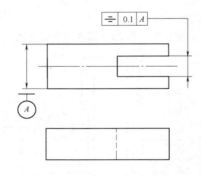

图 3-13   对称度标注

如图 3-14 所示为凹模对称度误差的测量方法，图中长方孔凹模要求与模具中心对称。测量时，在被测凹模孔内放置测量块，然后放在平板上，用百分表在测量块 a 面的若干位置上测量，记下各读数值；翻转工件，用同样方法在测量块 b 面的若干对应点上测量。各对应点读数差中的最大值即为凹模孔的对称度误差。

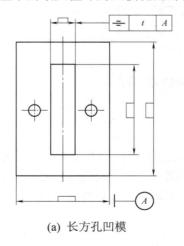
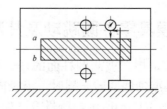

(a) 长方孔凹模   (b) 凹模孔对称度误差测量

图 3-14   凹模对称度误差的测量方法

3.5　模具零件表面粗糙度及其测量

在切削加工中，由于刀具振动、摩擦等原因，会使得模具零件加工表面产生微小的峰谷。这些微小峰谷的高低程度和间距状况称为表面粗糙度。

表面粗糙度直接影响模具零件的耐磨性、抗腐蚀性、抗疲劳强度和配合质量等。要减少模具零件表面的粗糙度值，就必须提高模具零件表面的加工质量，进而增加加工成本，因此科学地分析模具零件表面的作用，选择合适的表面粗糙度是十分必要的。

3.5.1　表面粗糙度参数值的选用

表面粗糙度的评定参数很多，最常用的是轮廓算术平均偏差 R_a，单位为微米(μm)，其次是微观不平度十点高度 R_z、轮廓最大高度 R_y。R_z、R_y 的值越大，表面越粗糙。选用 R_a 时，只标注参数值，"R_a"可以省略，一般情况下所说的表面粗糙度即指 R_a。选用 R_y、R_z 时，参数和参数值均应标出。表 3-2 列出了常用加工方法所能达到的表面粗糙度 R_a、R_z 的值。

在生产中，常用的表面粗糙度检测方法是比较法，将被测表面对照粗糙度样板，用肉眼判断或借助于放大镜、显微镜进行比较。选择表面粗糙度样板时，样板材料、表面形状及加工工艺应尽可能与被测工件相同。检测表面粗糙度常用的仪表有台式和便携式表面粗糙度轮廓仪。

表 3-2　R_a、R_z 数值等级比较及加工方法和应用

表面微观特性		$R_a/\mu m$	$R_z/\mu m$	加工方法	应用举例
粗糙表面	可见刀痕	>20～40	>80～160	粗车、粗刨、粗铣、钻、毛锉、锯断	半成品粗加工过的表面，非配合的加工表面，如轴端面、倒角、钻孔、齿轮及皮带轮侧面、键槽底面、垫圈接触面等
	微见刀痕	>10～20	>40～80		
半光表面	微见加工痕迹	>5～10	>20～40	车、刨、铣、镗、钻、粗铰	轴上不安装轴承的表面，齿轮处的非配合表面、紧固件的自由装配表面、轴和孔的退刀槽等
		>2.5～5	>10～20	车、刨、铣、镗、磨、拉、粗刮、滚压	半精加工表面，箱体、支架、盖面、套筒等和其他零件结合而无配合要求的表面，需要发蓝的表面等
	看不清加工痕迹方向	>1.25～2.5	>6.3～10	车、刨、铣、镗、磨、拉、刮、压、铣齿	接近于精加工表面、箱体上安装轴承的镗孔表面、齿轮的工作面

续表

表面微观特性		$R_a/\mu m$	$R_z/\mu m$	加工方法	应用举例
光表面	可辨加工痕迹方向	>0.63～1.25	>3.2～6.3	车、镗、磨、拉、刮、粗铰、磨齿、滚压	圆柱销、圆锥销与滚动轴承配合的表面，卧式车床导轨面，内、外花键定位表面
	微辨加工痕迹方向	>0.32～0.63	>1.6～3.2	精铰、精镗、磨、刮、滚压	要求配合性质稳定的配合表面、工作时受交变应力的重要零件、较高精度车床的导轨面
	不可辨加工痕迹方向	>0.16～0.32	>0.8～1.6	精磨、珩磨、研磨、超精加工	精密机床主轴锥孔、顶尖圆锥面，发动机曲轴、凸轮轴工作表面，高精度齿轮齿面
极光表面	暗光泽面	>0.08～0.16	>0.4～0.8	精磨、研磨、普通抛光	精密机床主轴颈表面、一般量规工作表面、气缸套内表面、活塞销表面等
	亮光泽面	>0.04～0.08	>0.2～0.4	超精磨、精抛光、镜面磨削	精密机床主轴颈表面、滚动轴承的滚珠、高压液压泵中的柱塞和与柱塞配合的表面
	镜状光泽面	>0.02～0.04	>0.1～0.2		
	雾状镜面	>0.01～0.02	>0.05～0.1	镜面磨削、超精研	高精度量仪、量块的工作表面，光学仪器中的金属镜面
	镜面	≤0.01	≤0.05		

表 3-3 列出了常用配合零件的表面粗糙度。

表 3-3　表面粗糙度 R_a 的推荐选用值　　　　　　　　　　　μm

应用场合			基本尺寸/mm					
			≤50		>50～120		>120～500	
		公差等级	轴	孔	轴	孔	轴	孔
经常装拆零件的配合表面		IT5	≤0.2	≤0.4	≤0.4	≤0.8	≤0.4	≤0.8
		IT6	≤0.4	≤0.8	≤0.8	≤1.6	≤0.8	≤1.6
		IT7	≤0.8		≤1.6		≤1.6	
		IT8	≤0.8	≤1.6	≤1.6	≤3.2	≤1.6	≤3.2
过盈配合	压入装配	IT5	≤0.2	≤0.4	≤0.4	≤0.8	≤0.4	≤0.8
		IT6～IT7	≤0.4	≤0.8	≤0.8	≤1.6	≤0.8	≤1.6
		IT8	≤0.8	≤1.6	≤1.6	≤3.2	≤1.6	≤3.2
	热装	—	≤1.6	≤3.2	≤1.6	≤3.2	≤1.6	≤3.2

3.5.2　表面粗糙度的标注

国标中规定了表面粗糙度的标注方法与形式，在制图中必须严格执行。

1. 表面粗糙度的符号

表面粗糙度的符号如表 3-4 所示。

表 3-4　表面粗糙度符号

符　号	意义及说明
$\sqrt{}$	基本符号，表示表面可用任何方法获得。当不加注粗糙度参数值或有关说明(如表面处理、局部热处理状况等)时，仅适用于简化代号标注
$\sqrt{}$	基本符号加一短划，表示表面用去除材料的方法获得，例如：车、铣、钻、磨、剪切、抛光、腐蚀、电火花加工、气割等
$\sqrt{}$	基本符号加一小圆，表示表面用不去除材料的方法获得，例如：铸、锻、冲压变形、热轧、冷轧、粉末冶金等。或者是需要保持原供应状况的表面(包括保持上道工序的状况)
$\sqrt{}$　$\sqrt{}$　$\sqrt{}$	在 3 个符号的长边上均可加一横线，用于标注有关参数和说明
$\sqrt{}$　$\sqrt{}$　$\sqrt{}$	在 3 个符号的长边和横线的拐角处均可加一小圆，表示所有表面均具有相同的表面粗糙度要求

2. 表面粗糙度的代号标注

表面粗糙度的代号标注如表 3-5 所示。

表 3-5　表面粗糙度代号标注示例

代　号	意　义	代　号	意　义
3.2max	用任意方法获得的表面，R_a 的最大值为 3.2 μm	$R_z\dfrac{3.2}{12.5}$	用去除材料的方法获得的表面，R_z 的上限值为 12.5 μm，下限值为 3.2 μm
3.2	用不去除材料的方法获得的表面，R_a 的上限值为 3.2 μm	3.2 max / 1.6 min	用去除材料的方法获得的表面，R_a 的最大值为 3.2 μm，最小值为 1.6 μm
3.2	用去除材料的方法获得的表面，R_a 的上限值为 3.2 μm	R_z 3.2 max / 1.6 min	用去除材料的方法获得的表面，R_z 的最小值为 1.6 μm，最大值为 3.2 μm
R_z200max	用不去除材料的方法获得的表面，R_z 的最大值为 200 μm	1.6 max 磨 / 2	最后用磨削的方法获得的表面，R_a 的最大值为 1.6 μm，取样长度为 2 mm，加工纹理方向平行于标注代号视图的投影面
R_z 3.2 R_z 1.6	用去除材料的方法获得的表面，R_z 的上限值为 3.2 μm，下限值为 1.6 μm		

3. 模具零件表面粗糙度应用举例

如图 3-15 所示为零件表面粗糙度的标注方法。

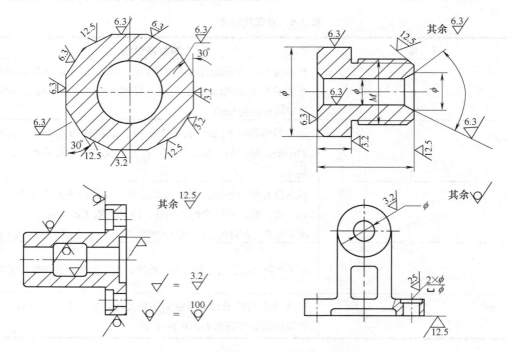

图 3-15　各种表面粗糙度的标注方法示例

3.5.3　模具零件表面粗糙度值的确定

1. 冲压模具零件表面粗糙度值的确定

(1) 冲压模板类零件底面与周边粗糙度值的确定。如上、下模座，上、下垫板，凸、凹模固定板，卸料板，压料板，打料板与顶料板等零件表面的粗糙度值通常为 1.6～0.8 μm。板类零件周边的粗糙度值通常为 6.3～3.2 μm。

(2) 冲压模具的凸模与凹模工作面的粗糙度值通常为 0.8～0.4 μm；凸模与凹模的固定部位及与之配合的模板孔粗糙度值通常为 3.2～0.8 μm。

(3) 卸料(顶料)零件与凸模(凹模)配合面的粗糙度值通常为 6.3～3.2 μm。

(4) 螺栓或其他零件的非配合过孔面的粗糙度值通常为 12.5～6.3 μm。销钉孔面的粗糙度值通常为 0.8 μm。

2. 塑料模具零件表面粗糙度值的确定

(1) 塑料模板类零件底面与周边粗糙度值的确定。如动、定模座，动、定模板，流道推板，塑料件顶出板，垫块，推杆固定板，推板等零件表面的粗糙度值通常为 1.6～0.8 μm，最高可取 0.4 μm。板类零件周边的粗糙度值通常为 6.3～3.2 μm。

(2) 复位杆、推杆与推管内、外表面的粗糙度值通常为 1.6～0.8 μm。

(3) 型芯表面的粗糙度值通常为 1.6～0.8 μm；型芯与模板孔配合面的粗糙度值通常为 3.2～1.6 μm；型腔表面的粗糙度值通常为 0.2～0.025 μm，最高可达 0.012～0.008 μm。

另外，导柱与导套滑动配合面的粗糙度值通常为 0.8～0.4 μm，与模座过盈配合面的粗糙度值通常为 1.6～0.8 μm。滑块、导轨、斜导柱等滑动配合零件表面的粗糙度值通常为 1.6～0.8 μm。

3.6　模具曲面零件尺寸的手工测量

手工测量模具曲面零件的方法多种多样，因人而异，但共同存在的问题是测量精度低，要想达到精密测量，需借助三坐标测量仪等先进的测量设备。

1. 拓印法

把模具零件的曲面轮廓拓印在纸上，找出其半径，如 R_1、R_2，再用曲线板把各段曲线圆滑地连接起来，如图 3-16 所示。该方法只适用于粗略测量。

2. 铅丝法

用铅丝沿模具零件的曲面轮廓弯曲成型，然后画出铅丝弯曲线，找出圆弧半径 R_1、R_2，再用曲线板把各段曲线圆滑地连接起来，如图 3-17 所示。该测量方法只适用于粗略测量。

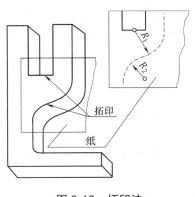

图 3-16　拓印法

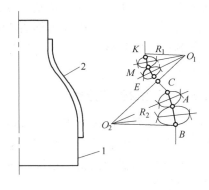

图 3-17　铅丝法

1—零件曲面　2—铅丝

3. 坐标法

对模具零件的非圆曲面，可以用量具测得每一曲面上的 X、Y 坐标，然后连成曲线，如图 3-18 所示。该测量方法比上述两种方法精确，应用较多。

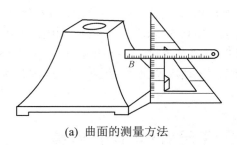 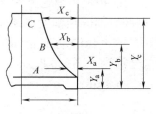

(a) 曲面的测量方法　　　　　　　(b) 由坐标值画出曲线

图 3-18　坐标法

3.7　先进测量技术简介

现代精密测量技术是一门集光学、电子、传感器、图像、制造及计算机技术为一体的综合性交叉学科，涉及广泛的学科领域，它的发展需要众多相关学科的支持。在现代工业制造技术和科学研究中，测量仪器具有精密化、集成化、智能化的发展趋势。

3.7.1　三坐标测量仪

三坐标测量仪(CMM)是适应科学与技术发展趋势的典型代表，是一种以精密机械为基础，综合应用电子技术、计算机技术、光栅与激光干涉技术等先进技术的检测仪器。它几乎可以对生产中的所有零件，特别是模具的三维复杂曲面尺寸、形状和相互位置进行高准确度空间测量；由于计算机技术的引入，可方便地进行数字运算与程序控制，智能化程度很高；在测量方面具有万能性和多样性。坐标测量仪的结构原理与测量方法比较复杂，本节只作简要介绍。

1. 三坐标测量仪的分类

(1) 三坐标测量仪按其工作方式可分为点位测量方式和连续扫描方式。点位测量方式是由测量仪采集零件表面上一系列有意义的空间点，通过数学处理，求出这些点所组成的特定几何元素的形状和位置；连续扫描测量方式是对曲线、曲面轮廓进行连续测量，多为大、中型测量仪。

(2) 常用三坐标测量仪按其结构分类有单臂式或摇臂式、桥式、龙门式、立体式、坐标镗床式等，每种形式各有其特点与适用范围。

如图 3-19(a)、(b)所示为悬臂式，特点是结构紧凑、工作面开阔、装卸工件方便、便于测量，但悬臂易于变形，且变形量随测量轴 y 轴的位置变化而变化，因此 y 轴的测量范围受限。

如图 3-19(c)、(d)所示为桥式，特点是结构刚性好，x、y、z 的行程大，一般为大型机。

如图 3-19(e)、(f)所示为龙门式，特点是龙门架刚度大，结构稳定性好，精度较高。工作台可以移动，装卸工件方便，但考虑龙门或工作台移动的惯性，龙门式一般为小型机。

如图 3-19(g)所示为立式，特点是适合大型工件的测量。

如图 3-19(h)所示为坐标镗床式，结构与镗床基本相同，刚性好、测量精度高，但结构复杂，适用于小型工件。

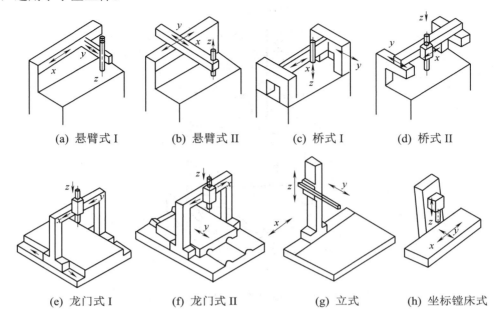

| (a) 悬臂式 I | (b) 悬臂式 II | (c) 桥式 I | (d) 桥式 II |

| (e) 龙门式 I | (f) 龙门式 II | (g) 立式 | (h) 坐标镗床式 |

图 3-19　三坐标测量仪的结构形式

在模具的制造和检测中，常用桥式、龙门式和立柱式。

2. 三坐标测量仪的构成

三坐标测量仪的规格品种很多，但基本组成主要有测量仪主体、测量系统、控制系统和数据处理系统。

1)　三坐标测量仪的主体

如图 3-20 所示，主体的运动部件包括：沿 x 轴移动的主滑架 5、沿 y 轴移动的副滑架 4、沿 z 轴移动的滑架 3，以及底座和测量工作台 1。测量机的工作台多为花岗岩石制造，具有稳定、抗弯曲、抗震动、不易变形等优点。

2)　三坐标测量仪的测量系统

测量系统包括测头和标准器，测量仪多以金属光栅为标准器，光学读数头用于测量各坐标轴数值。测头用来实现对工件的测量，是直接影响测量精度、操作的自动化程度和检测效率的重要部件。

(1) 测头的类型。测头按测量方法可分为接触式和非接触式两类，接触式测头又分为机械式和电器式测头。

机械接触式测头具有各种形式，如锥形、球形等刚性测头，带千分表的测头，划针式工具测头。该测头主要用于手动测量，测量力不易控制，而力的变化会降低测量精度，因此，只适用于一般精度的测量。

电器接触式测头的触端与被测件接触后可作偏移，传感器输出模拟位移量信号。这种测头既可用于瞄准(过零发信)，也可用于测微(测给定坐标值的偏差)，因此电气接触式测头主要分为电触式开关测头和三向测微电感测头，其中电触式开关测头的应用较广泛。

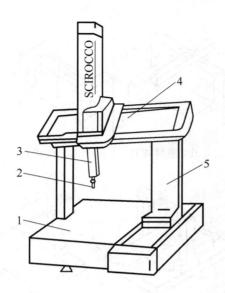

图 3-20　CIOTA 系列三坐标测量仪

1—工作台　2—测头　3—滑架　4—副滑架　5—主滑架

非接触式测头，主要由光学系统构成，如投影屏式显微镜、电视扫描头，适用于软、薄、脆的工件测量。

(2) 电气接触式开关测头。电气接触式开关测头是用于瞄准的电触式开关测头，是利用电触头的开合触点进行单一瞄准的，电触式开关测头的工作原理相当于零位发信开关。其结构及工作原理如图 3-21 所示。结构由测头主体 3 与下底座 10 及三根防转杆 2 组成。测杆 11 装在测头座 7 上，其底面装有 120°均匀分布的 3 个圆柱体，圆柱体与装在下底座上的 6 个钢球两两相配，组成 3 对钢球接触副。测头座为半球形，顶部的压力弹簧 6 向下压紧，使接触副保持接触。弹簧力的大小用螺杆 5 调节。电路导线由插座 4 引出。

3 对钢球分别与下底座 10 上的印刷线路相接触，此时指示灯熄灭。当触头与被测件接触时，外力使触头发生偏移，此时钢球接触副必然有一对脱开，而发出过零信号，表示已计数。同时指示灯发出闪光信号，表示测头已碰上零件偏离原位。当测头与被测件脱离时，外力消失，压力弹簧 6 使测头回到原始位置。

电气接触式开关测头种类分为点测量电触开关式单测头如图 3-22(a)所示；两轴可转角测头如图 3-22(b)所示，其测头座可使测头以 7.5°的步长，在±180°之间的水平方向回转，在 0°～+150°之间的垂直方向倾斜；多头测头如图 3-22(c)所示，其测头座可同时安装 5 个测头。

3) 三坐标测量仪的控制系统和数据处理系统

三坐标测量仪的控制系统和数据处理系统包括通用或专用计算机、专用的软件系统、专用程序或程序包。计算机是三坐标测量仪的控制中心，用于控制全部测量操作、数据处理和输入。系统软件 TUTOR 为 Windows 版，配以中文菜单，支持局域网，可共享资源，可同时执行不同任务，还配有 DMIS 接口，可直接把各种具有 DMIS 接口的 CAD 设计参数转换为 TUTOR 检测程序。

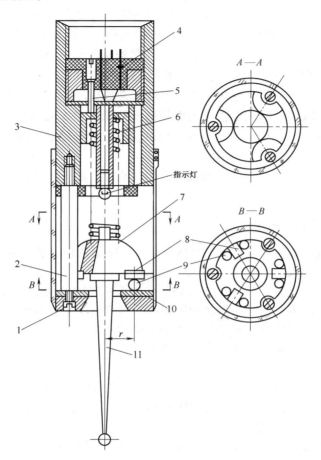

图 3-21　电触式开关测头的结构及工作原理

1—螺钉　2—防转杆　3—上主体　4—插座　5—螺杆　6—压力弹簧

7—测头座　8—圆柱体　9—钢球　10—下底座　11—测杆

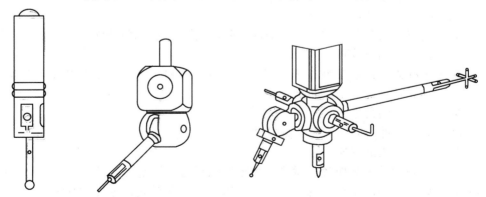

(a) 点测量电触开关式单测头　(b) 两轴可转角测头　　　　　　(c) 多头测头

图 3-22　电触式开关测头种类

测量仪提供的应用软件有以下几类。

(1) 通用程序。用于处理几何数据,按照功能分为测量程序(求点的位置、尺寸、角度等)、系统设定程序(求工件的工作坐标系,包括轴校正、面校正、原点转移程序等)、辅助程序(设计测量的条件,如测头直径的确定、测量数据的修正等)。

(2) 公差比较程序。先用编辑程序生成公称数据文件,再与实测数据进行比较,从而确定工件尺寸是否超过公差。监视器将显示超出的偏差大小,打印机打印全部测量结果。

(3) 轮廓测量程序。测头沿被测工件轮廓面移动,计算机自动按预定的节距采集若干点的坐标数据予以处理,给出轮廓坐标数据,检测零件各要素的几何特征和形位公差以及相关关系。

除此以外,还有自学习零件检测程序的生成程序、统计计算程序、计算机辅助编辑程序等。

3. 三坐标测量仪的测量方式

一般点位测量有 3 种测量方式:直接测量、程序测量和自学习测量方式。

1) 直接测量方式

直接测量即手动测量,是由操作员利用键盘按顺序输入指令,系统逐步执行的操作方式。测量时根据被测零件的开始形状调用相应的测量指令,以手动或 NC 方式采样,其中NC 方式是把测头拉到接近测量部位,系统根据给定的点数自动采点。测量仪通过接口将测量点坐标值送入计算机进行处理,并将结果输出显示或打印。

2) 程序测量方式

程序测量是将一个零件所需要的全部操作,按照执行程序编程,以文件形式存入磁盘,测量时运行程序,控制测量仪自动测量的方法。该方式适用于成批零件的重复测量。

零件测量程序一般包括以下内容。

(1) 程序初始化,如指定文件名、存储器置零、对不同于指定条件的某些条件给出有关选择指令。

(2) 测头管理和零件管理,如测头定义或再校正、临时零点定义、数学找正、建立永久原点等。

(3) 测量的循环。

测量的循环包括以下内容。

- 定位,使测头在进入下一采样点前,先进入定位点(使测头接近采样点时可避免碰撞工件的位置)。
- 采样处理,包括预备指令和操作指令,如测孔指令前先给出采样点数、孔心理论坐标及直径等参数的指令。
- 测量值的处理。

(4) 关闭文件,即结束整个测量过程。

3) 自学习测量方式

自学习测量是指操作者在对第一个零件执行直接测量方式的正常测量循环中,借助适当命令使系统自动产生相应的零件测量程序,然后在对其余零件进行测量时重复调用。该方法与手工编程比,省时且不易出错。但要求操作员应熟练掌握直接测量技巧,注意操作目的是获得零件测量程序,所以要注重操作的正确性。

在自学习测量过程中，系统可以两种方式进行自学习：对于系统不需要进行任何计算的指令，如测头定义、参考坐标系的选择等指令，系统采用直接记录方式；而许可记录方式则用于测量需要计算的有关指令，又只有在操作者确认无误时才记录，如测头校正、零件校正等指令。当测量循环完成或程序执行过程中发现操作错误时，可中断零件程序的生成，进入编辑状态修改，然后再从断点启动零件测量程序。

4. 三坐标测量仪的应用

1) 多种几何量的校验

测量前必须根据被测件的形状特点选择测头并进行测头的定义和校验，然后对被测件的安装位置进行找正。

(1) 触头的定义和校验。在测量过程中，当触头接触零件时，计算机存入测头中心坐标，而不是零件接触点的实际坐标，因而触头的定义包括触头半径和测杆长度造成的中心偏置，以及多触头测量时各个触头定义代码。测量触头的校验还包括使计算机记录各触头沿测量仪不同方向测同一测点时的长度差别，以便实际测量时系统能够自动补偿。触头的定义和校验可直接调用测头管理程序、参考点标定和测头校正程序来完成，使各触头分别测量固定在工作台上已标定的标准球或标准块，计算机即根据各触头测量时的坐标值计算出各触头的实际球径和相互位置尺寸，并将这些数据存储于寄存器作为以后测量时的补偿值。经过校验的不同触头测同一点，可得到同样的测量结果。

(2) 零件的找正。零件的找正是指在测量仪上用数学方法为工件的测量建立新的坐标基准。测量时，工件任意地放置在工作台上，其基准线或基准面与测量仪的坐标轴(x、y、z 轴的移动方向)不需要精确找正，为了消除这种基准不重合对测量精度的影响，用计算机对其进行坐标转换，根据新基准计算校正测量结果。因此，这种零件找正的方法称为数学找正。

零件找正的主要步骤有：①根据采用的三维找正或二维找正方法，确定初始参考坐标系；②运行找正程序；③选定第一坐标轴；④调用相应子程序进行测量并存储结果；⑤选第二坐标轴；⑥调用相应程序进行测量并存储结果。对于三维找正中的第三轴，系统自动根据右手坐标准则确定。举例如下。

如图 3-23 所示的零件为三维找正的实例，调用"平面"指令，测上表面 3 点或多点，计算机根据测得值计算出表面法线与 z 轴在两个方向上的夹角，以后测量时将以此角度值为准加以换算，即将上表面换算到 x、y 轴所在的平面，可称为空间坐标转换。调用"测孔"指令测量孔表面多点，可算出其轴线为 z 方向。

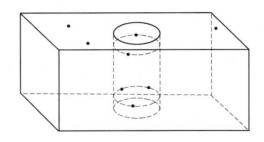

图 3-23　零件三维找正的实例

找正程序中还有"测球""测圆""测对称点"等指令，以适用于零件上测量基准的各种几何元素。

　　工件测量坐标系设定后，即可调用测量指令进行测量。三坐标测量仪在被测工件的形状、位置、中心和尺寸等方面的应用示例如表 3-6 所示。

表 3-6　三坐标测量仪的应用举例

序　号	测量分类	测量项目	测量形状及位置	被测件名称
1	直线坐标测量	孔中心距测量		孔系部件
2	平面坐标测量	和 z 轴平行面的内外尺寸测量		数控铣床的部件
		小测头能接触的部位表面形状、间隙测量		精密部件
3	高度关系的测量	高度方向尺寸测量		用球面立铣刀加工的具有三个坐标尺寸的被加工件
		与高度相关的平行度测量		具有平行台阶面的零件
4	曲面轮廓测量	把高度分成小间隔的一个平面上的轮廓形状测量		电火花机床用电极
5	三坐标测量	用球测头接触作不连续点的测量以决定空间形状		电火花机床用电极
6	角度关系的测量	安装圆工作台测量与角度相关的尺寸		间隙、凸轮沟槽

2)　实物程序编制

对于在数控机床上加工的形状复杂的零件，当其形状难以建立数学模型而导致程序编制困难时，常常可以借助测量仪。通过对木质、塑料、黏土或石膏质的模型或实物的测量，得到加工面几何形状的各项参数，经过实物程序软件系统处理，输出所需结果。例如，高速数字化扫描仪实际上是一台边界扫描测量方式坐标测量仪，主要用于对模具未知曲面进行扫描测量，可将测得的数据存入计算机，根据模具制造需要，实现以下两个目标。

(1)　对扫描模型进行阴、阳模转换，生成需要的 CNC 数据。

(2)　借助绘图设备和绘图软件得到复杂零件的设计图样，即生成各种 CAD 数据。

3)　轻型加工

生产型三坐标测量仪除用于零件的测量外，还可用于如划线、打冲眼、钻孔、微量铣削及末道工序精加工等轻型加工，在模具制造中可用于模具的安装、装配。

三坐标划线机即立柱式三坐标测量仪，主要用于金属加工中的精密划线和外形轮廓的检测，特别适用于大型工件制造、模具制造、汽车和造船制造业及铸件加工等。它与其他三坐标测量仪在结构和精度上有较大区别，属于生产适用型三坐标机，可承受检测环境恶劣的划线和计量测试技术工作。因此，在模具制造中，特别是在大型覆盖件冷冲模具制造中得到广泛应用。

如图 3-24 所示的立柱式三坐标划线机，由机械主体部分和数字显微处理系统组成。仪器基座可在工作台导槽中移动或定位锁紧，水平臂可在支承箱中作水平移动。在划线或检测时，工件一次定位即可完成 3 个面的划线或检测，效率很高，相对精度也较高，反映问题迅速。数据微处理系统由光栅编码器、无滑滞滚动的角度—长度转换装置和微电脑数显电气等组成。仪器的量程范围大，可显示相对或绝对坐标数据，可进行公英制转换和数据打印。

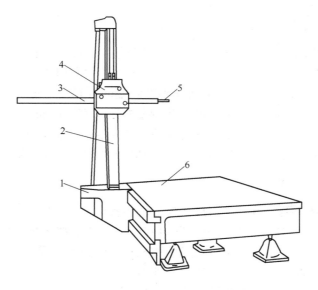

图 3-24　立柱式三坐标划线机

1—基座　2—立柱　3—水平臂　4—支承箱　5—测头　6—工作台

3.7.2 其他先进测量技术简介

1. 非接触测量技术

基于三角测量原理的非接触激光光学探头应用于三坐标测量仪(CMM)上代替接触式探头。通过探头的扫描可以准确获得表面粗糙度信息，进行表面轮廓的三维立体测量及用于模具特征线的识别。该方法克服了接触测量的局限性，将激光双三角测量法应用于 1700 mm×1200 mm×200 mm 测量范围内，可以对复杂曲面轮廓进行测量，其精度可高于 1 μm。

2. 微/纳米级精密测量技术

科学技术向微小领域发展，由毫米级、微米级继而涉足纳米级，即微/纳米技术。微/纳米技术研究和探测物质结构的功能尺寸与分辨能力达到微米至纳米级尺度，使人类在改造自然方面深入到原子、分子级的纳米层次。

纳米级加工技术可分为加工精度和加工尺度两个方面。加工精度由 21 世纪初的最高精度微米级发展到现有的几个纳米数量级。金刚石车床加工的超精密衍射光栅精度已达 1 nm，实验室已经可以制作 10 nm 以下的线、柱、槽。

微/纳米技术的发展，离不开微米级和纳米级的测量技术与设备。具有微米及亚微米测量精度的几何量与表面形貌测量技术已经比较成熟，如 HP5528 双频激光干涉测量系统(精度 10 nm)、具有 1 nm 精度的光学触针式轮廓扫描系统等。由于扫描隧道显微镜(Scanning Tunning Microscope，STM)、扫描探针显微镜(Scanning Probe Microscope，SPM)和原子力显微镜(Atomic Force Microscope，AFM)直接用于观测原子尺度结构的实现，使得进行原子级的操作、装配和改形等加工处理成为近几年来的前沿技术。

3. 光学干涉显微镜测量技术

光学干涉显微镜测量技术，包括外差干涉测量技术、超短波长干涉测量技术、基于 F-P(Febry-Perot)标准的测量技术等，随着新技术、新方法的利用亦具有纳米级测量精度。

外差干涉测量技术具有较高的位相分辨率和空间分辨率。如光外差干涉轮廓仪具有 0.1 nm 的分辨率；基于频率跟踪的 F-P 标准测量技术具有极高的灵敏度和准确度，其精度可达 0.001 nm，但其测量范围受激光器的调频范围的限制，仅有 0.1 μm；扫描电子显微镜(Scanning Electric Microscope，SEM)可使几十个原子大小的物体成像。

4. 图像识别测量技术

随着近代科学技术的发展，几何尺寸与形位测量已从简单的一维、二维坐标或形体发展到复杂的三维物体测量，从宏观物体发展到微观领域。被测物体图像中包含丰富的信息，因此正确地进行图像识别测量已经成为测量技术中的重要课题。图像识别测量过程包括：①图像信息的获取；②图像信息的加工处理，特征提取；③判断分类。计算机及相关计算技术完成信息的加工处理及判断分类，涉及各种不同的识别模型及数理统计知识。

5. 在线测量技术

目前已经可以进行加工状态的实时显示、测量，及时检测加工过程是否出现异常状况，从而可以大幅度提高生产效率，节约工时和原材料，降低返修率，提高加工质量，降低模具加工成本。

本 章 小 结

本章简要介绍了测量的概念、模具零件的测量方法、模具零件表面粗糙度的标注方法、先进测量技术等方面的内容，目的是帮助学生正确进行模具零件测绘及尺寸精度、形位公差、表面粗糙度标注。

思考与练习

1. 填空题

(1) 测量对象的几何量包括_____、_____、_____、_____、_____、_____、_____。

(2) 机械零件通用长度单位为_____、_____；角度单位有_____、_____、_____、_____。

(3) 国标中规定零件尺寸精度等级有_____级，表面粗糙度 R_a 有_____级，形位公差项目有_____种。

(4) 模具曲面零件尺寸常用的手工测量方法有_____、_____、_____。

(5) 三坐标测量仪的英文缩写为_____。其他主要先进测量技术有_____、_____、_____、_____。

2. 简答题

(1) 什么是形状误差和形状公差？

(2) 什么是位置误差和位置公差？

(3) 测量的实质是什么？一个完整的测量过程包括哪几个要素？

(4) 常用模具曲面零件尺寸的手工测量有哪些方法？

(5) 先进测量技术有哪些？

3. 应用题

(1) 将下列技术要求标注在图 3-25 上。

① 圆锥面 a 的圆度公差为 0.1 mm。

② 圆锥面 a 对孔轴线 b 的斜向圆跳动公差为 0.02 mm。

③ 基准孔轴线 b 的直线度公差为 0.005 mm。

④ 孔表面 c 的圆柱度公差为 0.01 mm。

⑤ 端面 d 对基准孔轴线 b 的端面全跳动公差为 0.01 mm。

⑥ 端面 e 对端面 d 的平行度公差为 0.03 mm。

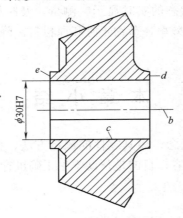

图 3-25　位置公差标注

(2) 改正图 3-26 中各项形位公差标注上的错误(不允许改变形位公差项目)。

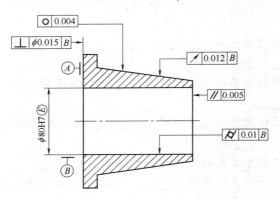

图 3-26　改正形位公差标注

(3) 解释图 3-27 中表面粗糙度标注代号的含义。

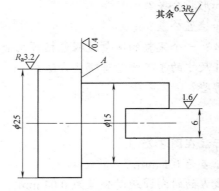

图 3-27　粗糙度标注

(4) 试判断图 3-28 中表面粗糙度代号的标注是否有错误，有则加以改正。

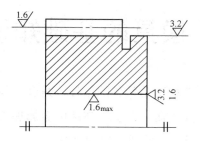

图 3-28　改正粗糙度标注

(5)　将下列表面粗糙度按要求标注在图 3-29 上。

①　用去除材料的方法获得表面 a 和 b，要求表面粗糙度 R_a 的上限值为 1.6 μm。

②　用任何方法加工 ϕd_1 和 ϕd_2 圆柱面，要求表面粗糙度 R_a 的上限值为 6.3 μm。

③　用去除材料的方法获得其余各表面，要求表面粗糙度 R_a 的最大值均为 12.5 μm。

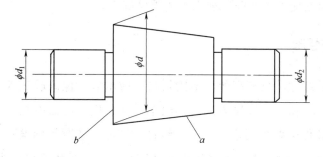

图 3-29　粗糙度标注应用

第 4 章　模具的基础知识

模具是制造工业大批生产产品的专用工艺装备的总称，是金属与非金属成型加工的工具，配合专业机械用于制造加工业，如冲压、锻造、铸造的金属加工以及塑料、橡胶、陶瓷等非金属加工。用模具制造出来的成型零件通常称为"制件"。

4.1　模具的作用及其加工制品的特点

模具是工业生产中应用极为广泛的工艺装备，模具工业是国民经济发展的重要基础工业之一，也是一个国家加工制造业发展水平的重要标志。

4.1.1　模具的作用

利用模具生产零部件，具有高效、节约材料、成本低、保证质量等一系列优点，是现代工业生产的重要手段和工艺发展方向。如汽车、拖拉机、电器电机、仪器仪表等行业，有 60%～90%的零部件需要使用模具加工。螺钉、螺母、垫圈等标准紧固件，没有模具就无法完成大批量生产。同时，模具也是发展和实现少无切削技术不可缺少的工具。

在工业生产中，产品的更新换代少不了模具，试制新产品也少不了模具。如果模具供应不及时，就很可能造成停产；如果模具精度不高，产品质量就得不到保证；如果模具结构及生产工艺落后，产品质量就难以提高。许多现代工业生产的发展和技术水平的提高，在很大程度上取决于模具工业的发展水平。因此，模具技术发展状况及水平的高低，不仅直接影响到工业产品的发展，也是衡量一个国家工业水平高低的重要标志之一。如德国、日本、美国的汽车及电器等产品的品种、数量、质量在国际市场上处于领先地位，其重要原因之一就是它们的模具技术居世界领先水平。因此，工业巨头美国把模具称为"美国工业的基石"，把模具工业视为"不可估量其力量的工业"；日本把模具说成是"促进社会富裕繁荣的动力"，把模具工业视为"整个工业发展的秘密"；德国把模具称为"金属加工中的帝王"，把模具工业视为"关键工业"；我国有人把模具比喻为"效益放大器"，把模具工业称为"国民经济发展的重要基础工业，是赶超发达国家的工具和手段"。

4.1.2 模具加工制品的特点

模具加工与其他切削加工有着明显的不同，是高生产效率和少无废料加工的典型代表。

1. 模具的特点

每一种模具都有其特定的用途和使用方法，以及与其相配套的成型加工机床和设备。模具和产品零件的形状、尺寸大小、精度、材料、表面状态、质量和生产批量等都需要相互符合，即每一个产品零件相对应的生产用模具，只能是一副或一套特定的模具。要适应模具不同的功能和用途，就需进行创造性设计，使模具结构形式多变，从而产生了多种类别和品种的模具。另外，模具还具有单件生产的特性。

2. 模具加工制品的优缺点

在工业生产上利用模具加工制品与零部件有许多优点，概括如下。

(1) 生产效率高，适合生产大批量制品及零件。

(2) 节省原材料，即材料利用率高。

(3) 操作工艺简单，不需要操作者有较高的水平和技艺。

(4) 能制造出用其他加工工艺难以加工的、形状复杂的零件。

(5) 制造出的零件或制品精度高、尺寸稳定，有良好的互换性。

(6) 制造出的零件与制品，一般不需要再进一步加工，可一次成型。

(7) 容易实现生产的自动化和半自动化。

(8) 用模具生产的制品和零件成本比较低廉。

但由于模具本身多为单件生产，型面复杂且精度要求高，加工难度大，生产周期长，因而制造费用较高，不宜生产单件及批量小的制品，只适合需要大批量生产的制品。

4.2 模具的类型和成型特点

与机械加工相比，用模具进行成型加工不仅生产效率高，而且生产消耗低，可大幅度节约原材料和人力，是进行产品生产的一种优质、高效、低耗、适应性很强的先进生产技术。模具也是技术含量高、附加值高、应用广泛的新技术产品，是价值很高的社会财富。

4.2.1 常见模具的类型

在工业生产中，按材料在模具内成型的特点，可将其分为若干类型，如图 4-1 所示。

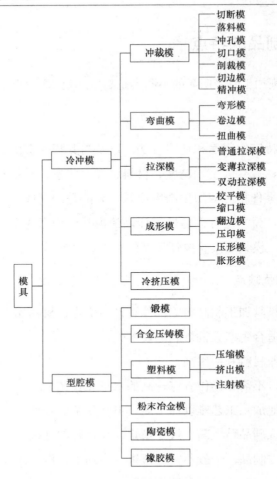

图 4-1 模具的分类

4.2.2 模具的成型特点

模具有冷冲模成形和型腔模成型两大类,其成形条件、过程、结果各不相同。

1. 冷冲模的成形特点

在常温下,把金属或非金属板料放入模具内,通过压力机和安装在压力机上的模具对板料施加压力,使板料发生分离或变形而制成所需的零件,该类模具称为冷冲模,其成形特点如表 4-1 所示。

表 4-1 冷冲模成形的特点

冲模名称		冲模简图	成形特点	工序及零件简图
冲裁模	切断模		将材料以敞开的轮廓分开,得到平整的零件	

冲模名称		冲模简图	成形特点	工序及零件简图
冲裁模	落料模	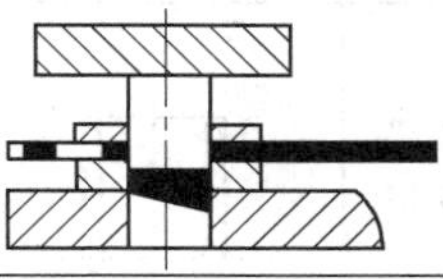	将材料以封闭的轮廓分开，得到平整的零件	
	冲孔模	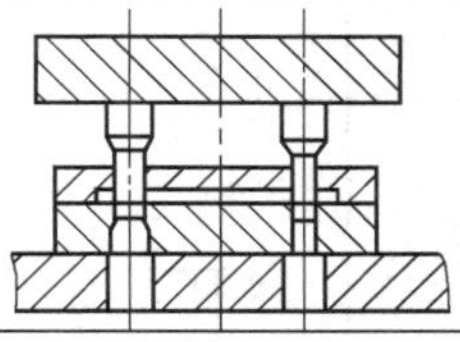	将零件内的材料以封闭的轮廓分开，使零件得到孔	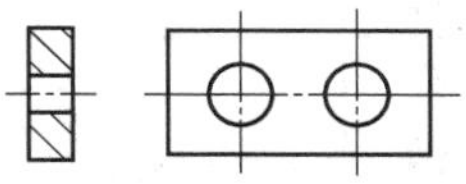
	切口模	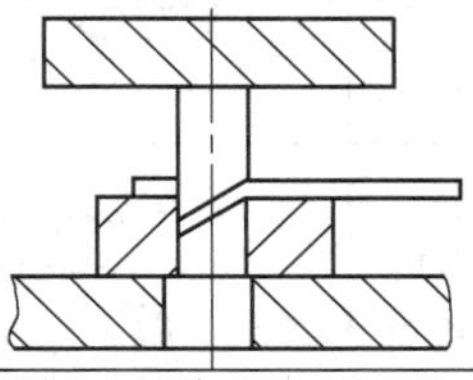	将零件以敞开的轮廓分开，但不分成两部分	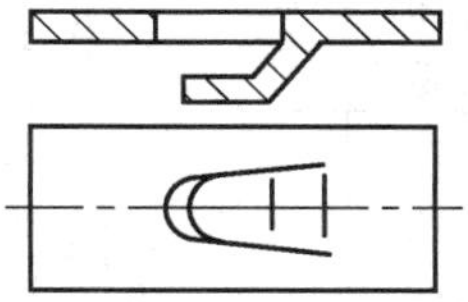
	剖裁模	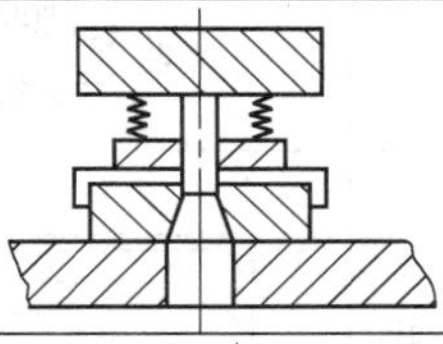	将平的、弯曲的或空心的坯件分离成两部分或几部分	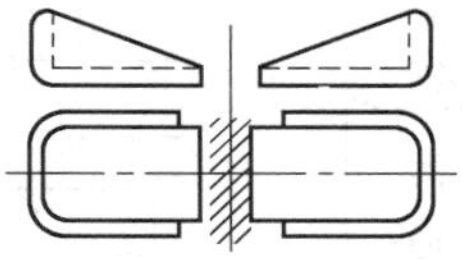
	切边模	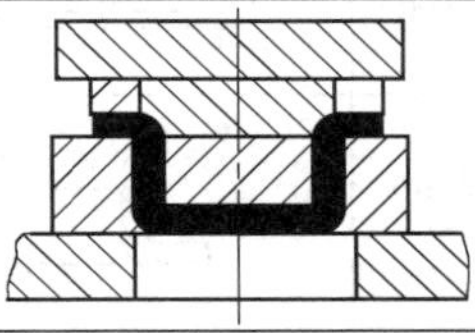	将平的、空心的或立体实心零件的多余外边切掉	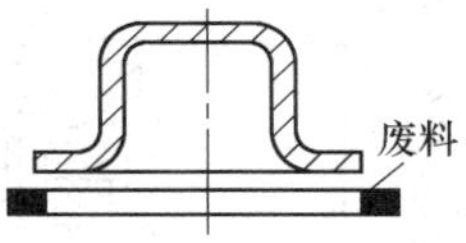
	精冲模	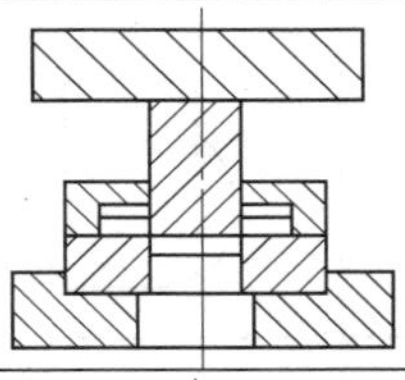	将工件边缘预留的加工余量去掉，以得到准确尺寸及光滑垂直的剪裁断面	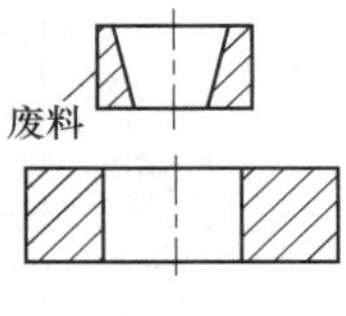
弯曲模	弯形模	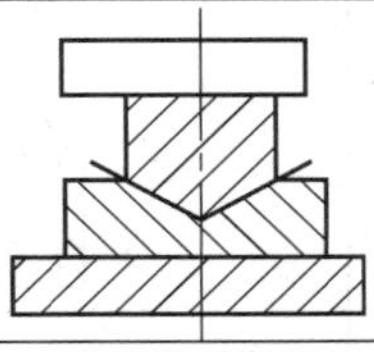	将平整的毛坯通过模具压成弯曲的形状	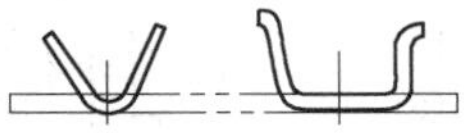
	卷边模		将毛坯的边缘按一定半径弯曲成弧形	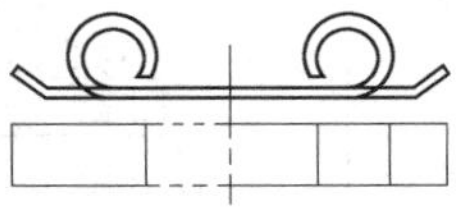
	扭曲模	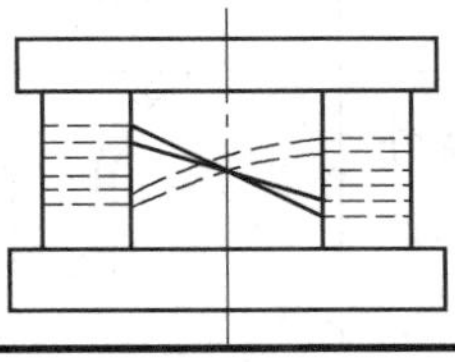	将毛坯的一部分与另一部分对转一个角度，弯曲成形	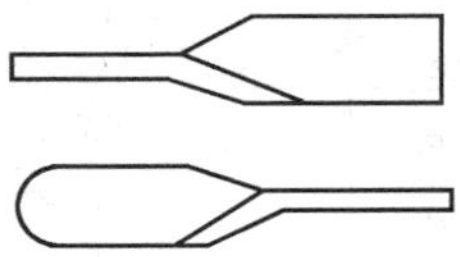

续表

冲模名称		冲模简图	成形特点	工序及零件简图
拉深模	普通拉深模	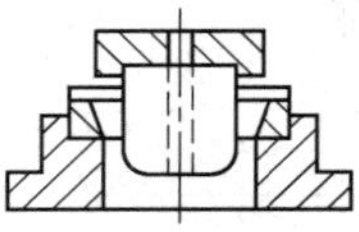	将毛坯通过模具压成任意形状的空心零件或改变形状、尺寸，但料厚不变	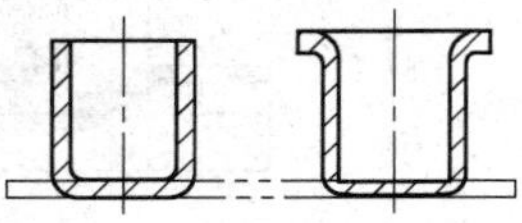
	变薄拉深模	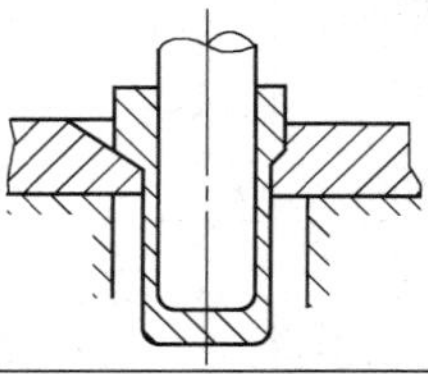	减小直径或壁厚而改变空心毛坯的尺寸	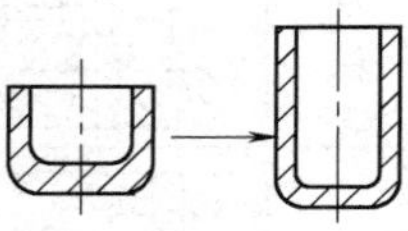
	双动拉深模	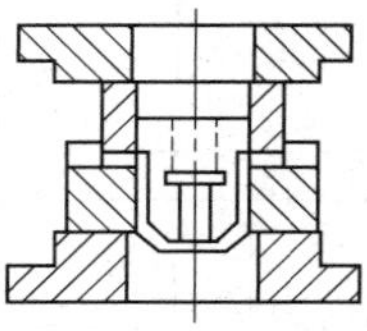	将平板毛坯在双动压力机上拉深，得到曲线形的空心件或覆盖件	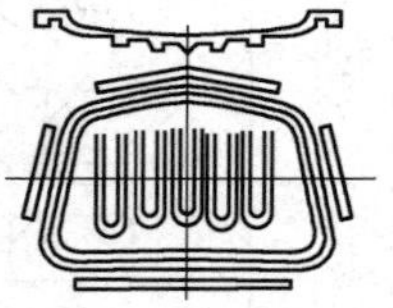
成形模	压形模	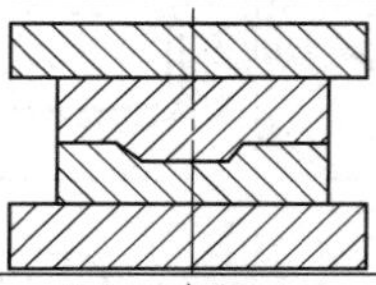	采用材料局部拉深的方法，形成局部凸起或凹印	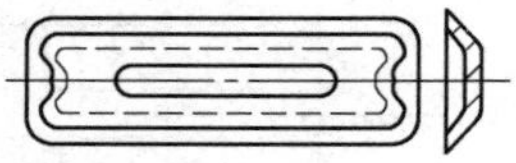
	翻边模	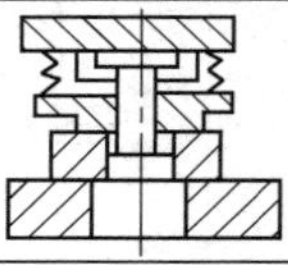	用拉深的方法使原冲孔的孔边形成凸缘	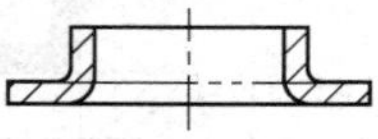
	胀形模	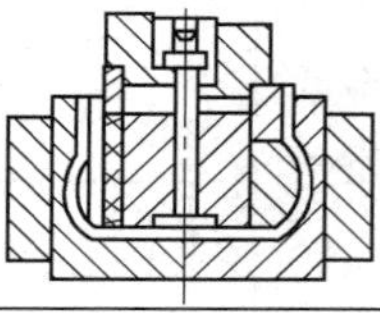	将空心件或管状毛坯，从里面用径向拉深的方法加以扩张	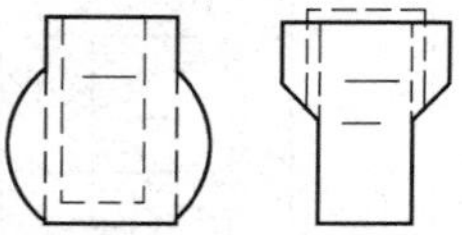
	缩口模	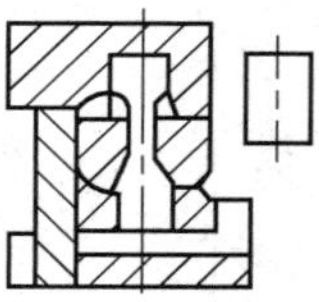	将空心件或管状毛坯的端部由外向内压缩，使口径缩小	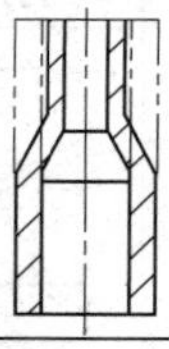
	校平模	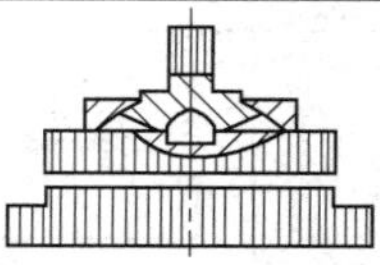	将零件不平的表面通过模具压平	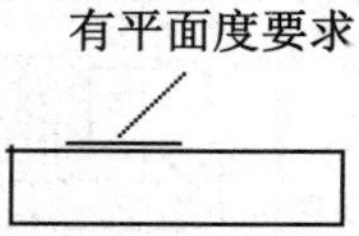 有平面度要求
	整形模	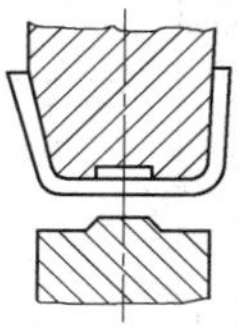	将原先压弯或拉深的零件通过模具整形到所需的形状	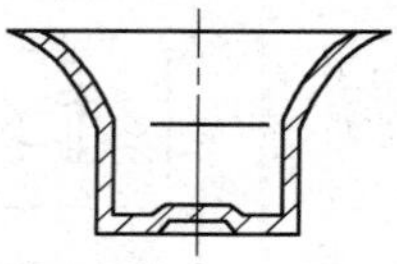

冲模名称		冲模简图	成形特点	工序及零件简图
立体冲压成形模	压印模	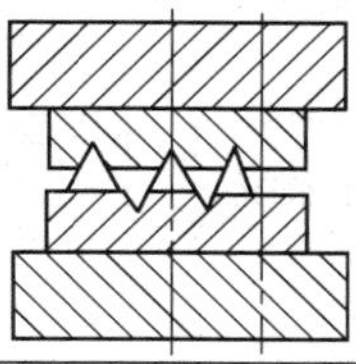	利用模具使金属局部被挤走的方法在零件表面形成花纹、文字、符号	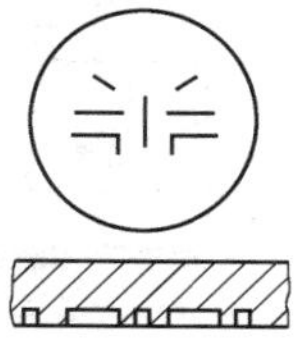
	冷镦模	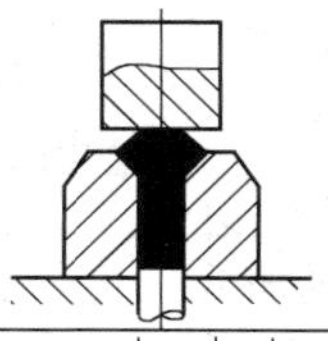	利用模具将金属体积做重心分布，使其局部变粗，形成所需的形状	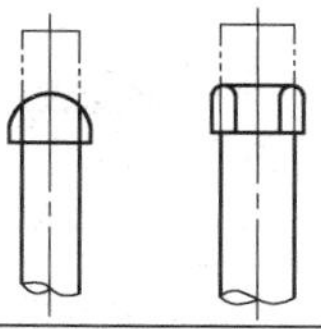
	冲中心模	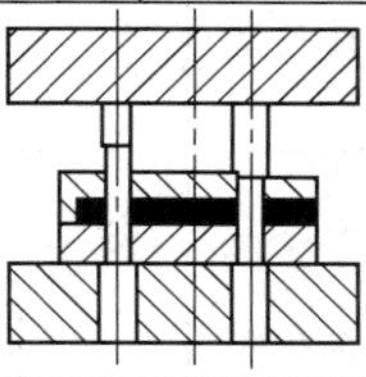	利用冲针在零件表面上冲出浅窝，准备以后钻孔用	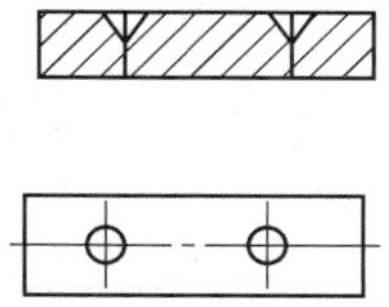
	冷挤压模	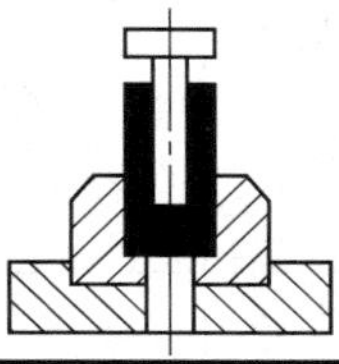	利用模具将一部分金属冲挤到凸、凹模间隙内，使厚的毛坯变成薄壁空心零件	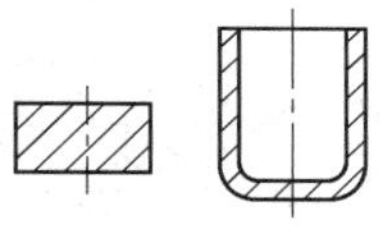

2. 型腔模的成型特点

把经过加热或熔化的金属、非金属材料，放入或通过压力送入模具型腔内，经过加压，待冷却后，按型腔表面形状形成所需的零件，这种模具称为型腔模。型腔模主要包括锻模、塑料模、低熔点合金压铸模、粉末冶金模、橡胶模和陶瓷模等几种。型腔模的成型特点如表 4-2 所示。

表 4-2　型腔模的成型特点

模具名称		模具简图	模具成型特点	零件图样
锻模		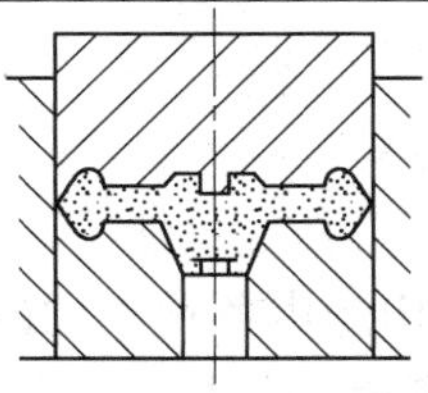	将金属毛坯加热后放在模膛内，用锻锤加压使材料发生塑性变形，充满模膛后形成所需的锻件	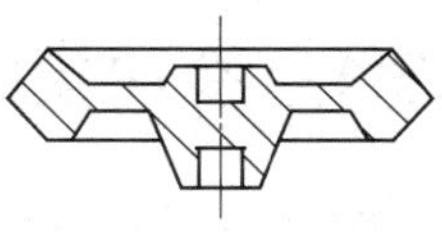
塑料模	压缩模	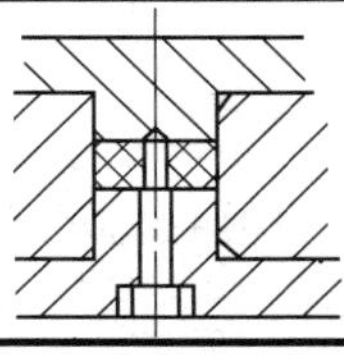	将塑料放在模具型腔内，在压力机上加热加压，使软化后的塑料充满型腔，保持一段时间后便硬化成零件制品	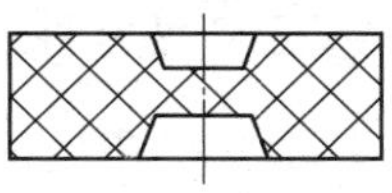

续表

模具名称		模具简图	模具成型特点	零件图样
塑料模	挤塑模		将塑料放入模具的专加料室内,然后在压力机上加热、加压,再经过浇注系统挤入模腔内,固化后形成零件	
	注射模		将塑料放入注射模料筒中加热使其熔化成流动状态,再以很高的速度和压力推入模具的型腔中,冷却后形成零件	
压铸模			将熔化了的金属合金,放入压铸机的加料室中,压铸的活塞加压进入模具的型腔,固化后形成零件	
粉末冶金模			将混料后的合金粉末或金属粉末放入模具的型腔内进行高压成形,经烧结后形成零件	
橡胶成型模			将胶料直接装入模具的型腔内,在平板硫化机或压力机上加压、加温,使其受热、受压下充满型腔,硫化后成为零件	

4.3　模具的结构及其组成

模具的结构及其组合形式,与成型加工对象,即产品零件或制件的结构与结构要素相关,与制件材料和材料形式相关,与成型工艺条件(压力、温度、时间等)和加工方式相关。

4.3.1　冷冲模的结构及组成

对于每一套冲模,必须形成一个完整的独立整体,其结构是由各种不同的零部件结合而成的。根据零件的作用、要求不同,冷冲模可分为工艺性零件与结构性零件两大类。

1. 工艺性零件

工艺性零件是指直接完成冲压工序,即与材料或冲压件发生直接接触的零件。如成型零件(凸模、凹模、凸凹模)、定位零件、压(卸)料零件等。

2．结构性零件

结构性零件是指在模具中起安装、组合、导向作用的零件，如支撑零件(上下模座、凸模和凹模固定板)、导向零件(导柱、导套)和紧固零件(螺栓、销钉)等。冷冲模的结构及其组成如表 4-3 所示。

表 4-3　冷冲模的结构及其组成

模具名称	模具的结构图示	模具结构的组成
冲裁模	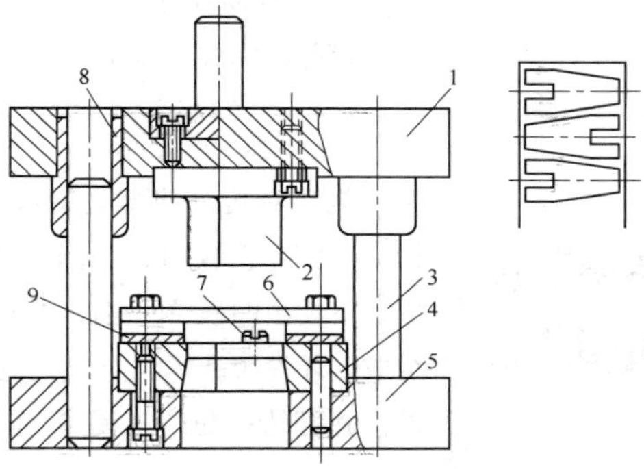	图示为一个单工序带有导向结构的冲裁落料模。 模具工艺性零件主要包括凸模 2、凹模 4、卸料板 6 和定位销 7；结构性零件包括上模座 1、下模座 5、导套 8 和导柱 3 等。其中凸模 2 是由螺钉直接与上模座 1 固定，而凹模 4 是由螺钉和销钉固定在下模座 5 上。 模具在工作时，条料通过导向尺 9 导向送进模内，并由定位销 7 定位，当压力机滑块下降时，装在滑块上的上模座 1、凸模 2 也随之下降并接触板料。继续下降时，凸模 2 与凹模 4 将板料沿封闭的周边切断而冲下制品零件。待滑块上升时，凸模 2 随之回升，装在导向尺 9 上面的卸料板将包在凸模 2 上的条料刮下，而零件制品则从下模座 5 的漏料孔中漏下，至此完成全部冲压过程。材料继续送进时，开始进行第二次冲压成形
弯曲模	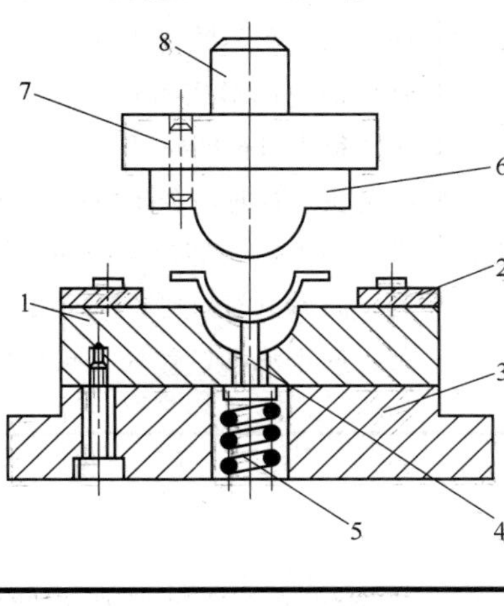	图示为一个简单的 U 形弯曲模结构。其工作零件凸模 6 直接通过螺钉及销钉固定在上模板上，而凹模 1 固定在下模座 3 上，并由定位板 2 对坯件定位，卸料弹簧 5 及顶杆 4 将制成的零件卸下。 模具在工作时，先将坯料放在定位板 2 内定好位置，待凸模 6 随着压力机滑块下滑，将坯件压入凹模 1 内，并弯成所需的形状。待滑块回升时，卸料弹簧 5 回弹，托动顶杆 4，将制品弹出模外，完成整个压弯成形工作

续表

模具名称	模具的结构图示	模具结构的组成
拉深模	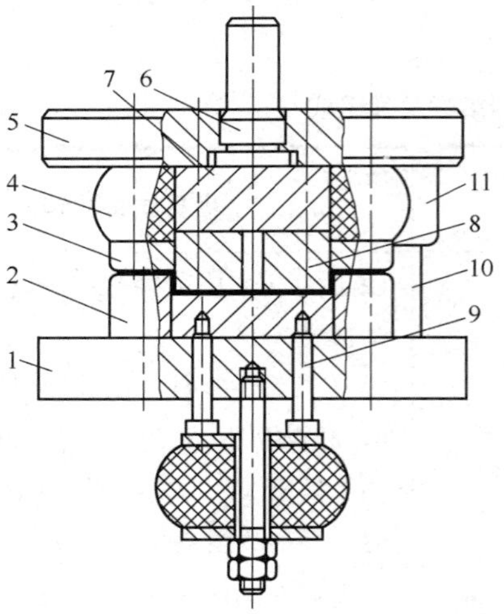	图示为带有弹性压边圈的浅盒形拉深模结构。其上模由凸模8、压边圈3和上模板5组成。下模由凹模2、下模板1和缓冲器9组成,并通过导柱10和导套11导向。 冲模在工作时,将坯料放在凹模2和压边圈3之间,当凸模8在压力机滑块的作用下下降时,将坯料压入凹模2中,使其受压变形形成所需的零件;当凸模回升时,制品在缓冲器的作用下,将其推出模外,完成冲压工作
成形模	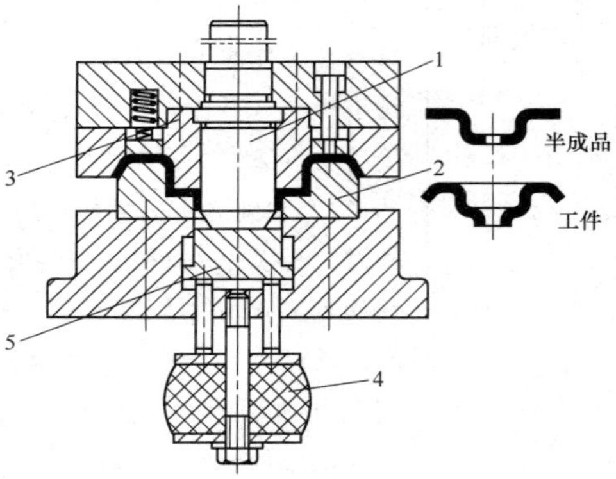	图示为一种内外缘翻边的成形复合模结构。上模由凸模1、凸凹模3和模板组成。下模由凹模2、缓冲器4和卸件器5组成。坯件由凸模1与凸凹模3作用,做内孔翻边;而凸凹模3作为凸模与凹模2作用,对坯料做外缘翻边。翻边后的零件制品,由缓冲器4推动顶件器5将制品零件卸下
冷挤压模	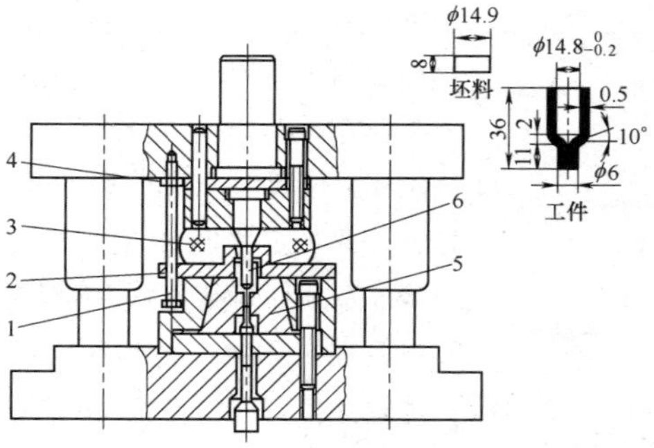	图示为一个复合式冷挤压模结构。其凸模6固定在上模板上,凹模5固定在下模板上,在凹模5的底部,开一个与零件制品下部形状相同的孔。在挤压时,将坯料先放在凹模5中,待上模随压力机滑块下行时,金属坯料在凸模6的强大压力下,一部分顺凸凹模间隙向上流动,而另一部分则被挤入凹模5的底孔内,向下流动,使坯件被挤压成所需的形状

4.3.2 型腔模的结构及组成

型腔模主要包括锻造模、压铸模、塑料模、粉末冶金模等。这种模具的结构组成,主要以型芯及型腔为主，具体如表 4-4 所示。

表 4-4　型腔模的结构及组成

模具名称	模具的结构图示	模具结构的组成
合金压铸模	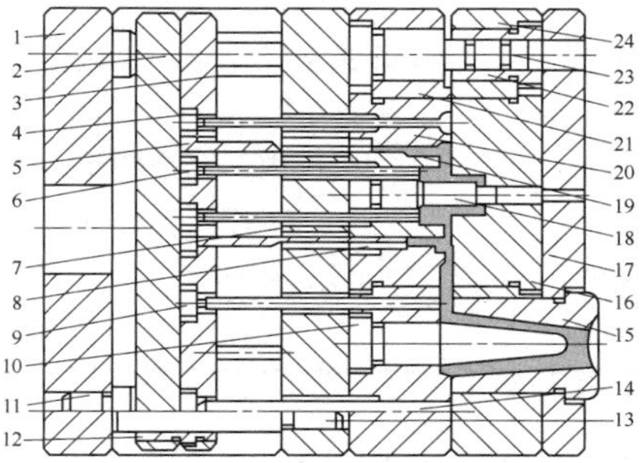	图示为热压室压铸机用压铸模的基本结构。模具由模架和工作部分组成，工作部分又分动模和定模两部分。 模架由模体(动模座板 1、定模座板 17、定模套板 24、动模套板 21、支承板 7)、导向零件(导柱 23、导套 22)、推出结构(推板 2，推杆 4、6、9，复位杆 14，推杆固定板 3，扇形推杆 5)组成。 工作部分(型芯 18，定模镶块 16，动模镶块 19 和 20)、浇注系统(浇口套 15、分浇锥 10)、抽芯机构(止转销 8、限位钉 11)组成。 模具在工作时，首先将动模与定模合拢锁紧，然后再将放入浇口套中的熔溶合金，在压铸机的作用下，用高压打入型腔中，待冷却后，便形成与型腔相仿的零件制品
塑料模 注射模	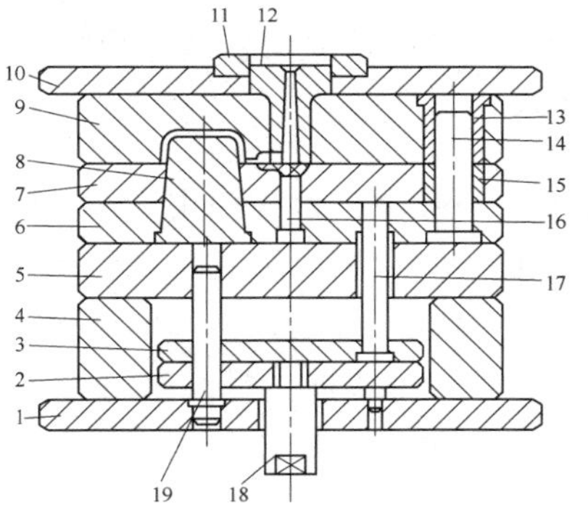	图示为标准的塑料注射模结构。模具主要由模架(动模座板 1，定模座板 10，导套 13、15，导柱 14)和工作部分(动模芯 8、定模 9)组成。定模板 9、卸料板 7、动模固定板 6 通过导柱 14、导套 13 和 15 导向。 模具在工作时，首先将定模与动模合拢锁紧，然后由注射机通过压力机将熔溶塑料以很高的速度和压比压入定模与动模合拢后的型腔内，冷却后形成零件。 零件冷却后，推板导柱 19 使推出机构平稳顶出塑件，主浇道拉料杆 16 采用蘑菇头形状，将主浇道的剩余废料拉出
压缩模	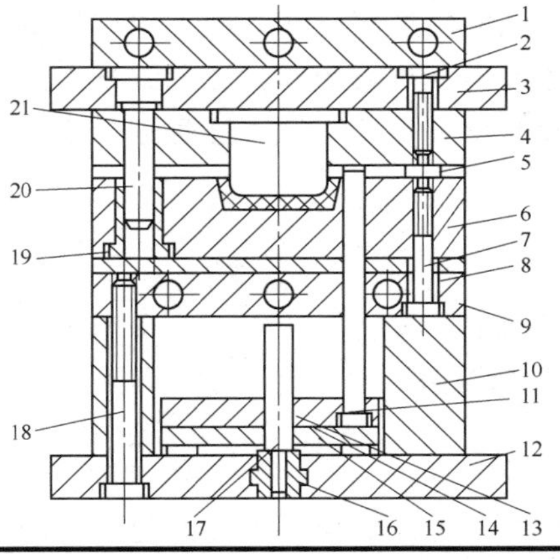	图示为固定式压缩模的标准结构。模具由上模和下模两部分组成。上模由成形凸模 21 固定在上模板 3 上，下模由成形凹模 6 固定在下模底座 12 上。上、下模由导柱 20 及导套 19 导向，以保证凹、凸模压制时位置正确。 模具在工作时，首先将塑料粉定量放入凹模 6 型腔中，并将上模下滑进入凹模中，塑料粉在上、下加热板 1、8 通电加热情况下软化。继续加压保持一段时间后，塑料粉就形成零件。这时，通过固定在顶杆固定板 13 上的顶杆，可将模具开启，取出制件

续表

模具名称	模具的结构图示	模具结构的组成
锻造模		图示为应用在模锻锤上的锤锻模结构。锻模的结构比较简单，其模具主要由上模3和下模5两部分组成。上、下模分别用键8、楔6和调整垫片固定在模锻锤头2和模座的燕尾槽内。模具在工作时，将烧红的坯料放在下模5的模膛内，开启锻锤，上模下降，即可在上、下模膛内，坯料形成所需形状的制品

4.4 模具的生产过程简介

模具的生产过程，就是将原材料转换为模具的过程，主要包括模具的设计、模具制造工艺规程的制定、模具原材料的运输和保存、生产的准备工作、模具毛坯制造、模具零部件的加工和热处理、模具的装配、试模与调整及模具的检验与包装等内容。

1. 模具图样设计

模具图样设计是一种高智能、复杂的劳动，一般由技术部门来完成，它是模具生产过程中最关键的工作。模具设计图样一般包括模具结构总图、模具零部件图，并标有技术要求，如零件材料、热处理要求等。模具图样一旦确定，就成为生产的法规性文件，模具原材料的准备、生产工艺的制定、模具的装配与验收，都以此为标准来进行。

2. 制定工艺规程

工艺规程是指按模具设计图样，由工艺人员规定出整个模具或零部件的制造过程和操作方法，一般用表格的形式制定成文件下发到各生产部门和车间。由于模具生产一般是单件生产，因此模具加工工艺规程常采用工艺过程卡片的形式。工艺过程卡片是以工序为单位，简要说明模具或零部件加工、装配过程的一种工艺文件，它是进行技术准备、组织生产、指导生产的依据。

3. 组织生产零部件

按零部件生产工艺规程或工艺卡片，组织生产零部件的生产，利用机械加工、电加工及其他工艺方法，制造出符合设计图样要求的零部件。

4. 模具装配

按规定的技术要求，将加工合格的零部件，进行配合与连接，装配符合模具图样结构总图要求的模具。

5. 试模与调整

将装配好的模具，在规定的压力机上进行试模，并边试边调整、校正，直到生产出合格的零件为止。

6. 检验与包装

将实验合格的模具，进行外观检验，打好刻记，并将试出的零件制品随同模具进行包装，填好检验单及合格证，交付给生产部门使用或按合同规定出厂。

模具制造者应当了解模具制造的全过程。前道工序的操作者要把后道工序作为自己的"用户"，使后道工序满意自己的加工结果，只有这样才能制造出结构合理、精度较高、能批量生产出合格零件制品的模具来。

4.5　模具制造的特点分析

模具生产制造技术集中了机械加工的精华，最好的金属材料用在模具上，先进的高精度加工设备，如数控铣、加工中心、雕刻机、线切割、电火花等设备通常是为加工模具而诞生的。模具设计师与熟练的模具钳工的技术水平也是较高的。

4.5.1　模具生产方式的选择

模具生产方式的选择有如下几点要求。

(1) 单套模具在制造工艺上一般采用单件及配制的方法加工。

(2) 批量较大的模具采用成套生产，即根据模具标准化、系列化设计，模具坯料成套供应。模具各部件的备料、锻造、车、铣、刨、磨等初次或二次加工均由供货单位完成，而零件的精加工、热处理、电加工(电火花、线切割)、钳工装配等则由模具厂家完成。

(3) 一个零件由多道工序、多套模具完成，在调整模具和生产过程环节应保持过程的连续性。

4.5.2　模具生产的工艺特征

模具制造完成后，可以生产数十万件、数百万件，甚至数千万件制品或零件，但对模具本身的制造却是单件生产，其生产工艺特征主要表现在以下几个方面。

(1) 模具零件的毛坯配备一般采用铸造、锻造或钢板轧制而成，毛坯精度低，加工余量大。

(2) 形状简单的模具零件通常采用普通机床加工，如车、铣、内外圆磨、平面磨、钳工钻铰孔与攻螺纹孔等；而形状复杂、精度要求高的零件则需采用高效、精密的专用设备加工，如数控车、数控铣、线切割、电火花、成型磨、电解加工等。

(3) 模具零件的加工受单件小批量制约，装夹时基本上采用通用夹具，较少配备专用夹具。

(4) 中小型模具企业的一般精度模具广泛采用配合加工，而大型企业的精密模具一般采用互换加工。

(5) 专业模具厂对零部件、工艺技术文件及管理都采用标准化、通用化、系列化，把单件生产转化为批量生产的方式。

4.5.3 模具制造的特点

模具制造有其自身的特点，具体表现在以下几方面。

(1) 模具制造过程中工序多，因此生产效率较低。

(2) 模具制造对工人的技术等级要求高。

(3) 某些模具零件工作部分的尺寸和形状，需经过试验或试模来确定。

(4) 装配时零件往往要经过配研与修整，装配后均需试模与修整。

(5) 模具生产周期长，少则半月至一个月，多则数月。

(6) 模具的制造成本较高。

(7) 模具生产的单件性决定其原材料配备、生产工艺、管理方式等具有独特的规律与特殊性。

4.6　模具加工工艺的选择

模具加工工艺方法的选择与制定，因人、因厂、因工件而不同，可以说千变万化没有定式，只要能够在保证质量的前提下，以最低的成本、最高的效率完成零件的加工，那么加工工艺就是合理的。

4.6.1　模具加工方法

模具加工方法如表 4-5 所示。

表 4-5　模具加工方法

模具的制造方法		适用模具	所需技术	加工精度
铸造加工	用锌合金制造	冷冲、塑料、橡胶	铸造	一般
	用低熔点合金制造	冷冲、塑料	铸造	一般
	用铍青铜制造	塑料	铸造	一般
	用合成树脂制造	冷冲	铸造	一般
切削加工	一般机床	冷冲、塑料、压铸、锻造	熟练技术	一般
	精密机床	冷冲、其他	熟练技术	精
	仿形铣(刨)	全部	操作	精
	靠模机床	全部	操作	精
	数控机床	全部	操作	精

模具的制造方法		适用模具	所需技术	加工精度
特殊加工	冷挤	塑料、橡胶	原阳模	精
	超声波加工	冷冲、其他	刀具	精
	电火花加工	全部	电极	精
	线切割加工	全部	钼丝	精
	电解加工	冷冲、其他	电极	精
	电解磨削	冷冲	成型模型	精
	电铸加工	冷冲	成型模型	精
	腐蚀加工	塑料、玻璃	图面模型	一般

生产实践表明，在模具的制造过程中，没有哪一种加工方法能满足所有的加工工序的要求。因此，工艺人员需要熟悉各种加工方法、加工设备，综合应用并发挥各种加工方法的优点。

目前，各类模具从粗加工、精加工到装配调试，都发展了各种形式和规格的高效精密加工设备，基本实现了机械化和自动化。加工设备除有光学控制、程序控制的精密成型磨床、坐标镗床、坐标磨床、数控车床、多轴数控铣床外，还有电火花加工、线切割加工、电解加工等。

4.6.2　冷冲模零件制造工艺

冷冲模零件制造工艺如表 4-6 所示。

表 4-6　冷冲模的制造工艺

序　号	工艺方法		工艺说明	优 缺 点
1	手工锉削、压印法		先按图样加工好凸(凹)模，淬硬后作为样冲反压凹(凸)模，边压边修整，最后成型	方法陈旧、落后，目前已无人使用
2	成型磨削		利用专用成型磨床，对凸凹模外形进行磨削	加工精度高，可避免零件淬火后变形，但工艺计算复杂、效率低，需要高精度磨削夹具，目前应用较少
3	电火花加工		电火花设备通过电极对模具进行放电腐蚀加工	可热处理后加工，避免变形及开裂。加工精度高，可解决盲孔及清角加工，加工效率低，应用普遍
4	线切割加工	快走丝线切割加工	编制加工程序，由计算机控制加工	可热处理后加工，避免变形。加工精度较高，效率高，废品少，操作简单，应用普遍
		慢走丝线切割加工	编制加工程序，由计算机控制加工	优点同快走丝线切割加工，但加工精度更高，误差只有 0.2～0.4 μm，广泛应用于级进模加工。但设备昂贵，购置设备费用大，小企业难以承担

4.6.3 型腔模加工工艺

型腔模加工工艺如表 4-7 所示。

表 4-7 型腔模加工工艺

序 号	工艺方法		工艺说明	优 缺 点
1	钳工修磨加工		根据图样采用车、铣等粗加工后，由钳工修整、配研、打磨、抛光成型	方法陈旧、落后，劳动强度大，效率低、精度差，目前较少人使用
2	冷挤压型腔		室温下利用淬硬冲头对金属挤压成型	适用于加工余量少、材质较软的模具，需用大吨位挤压设备，应用不普遍
3	电铸成型		利用电镀的原理成型	可加工形状复杂、精度高的小型塑料或压铸模具型腔。工艺时间长，效率低，耗电量大
4	电加工	线切割加工	编制加工程序，由计算机控制加工不规则型芯、镶件的透孔	可热处理后加工，避免变形。加工精度较高，效率高，废品少，操作简单，应用普遍
		电火花加工	利用电火花放电腐蚀金属对型腔加工成型	易操作，对工人技术水平要求低。加工精度高，可解决盲孔窄槽及清角加工，加工效率低，普通电火花设备加工后表面粗糙度值大，抛光时间长，为主流加工设备，应用普遍

4.6.4 模具零件加工工序的选择

模具零件的加工工序除按加工工艺方法划分外，还可按所达到的加工精度分为粗加工工序、精加工工序和光整加工工序，如表 4-8 所示。

表 4-8 模具零件的加工工序

工序名称	加工特点	用 途
粗加工工序	从毛坯上切去大部分加工余量，使其形状和尺寸接近成品要求的工序，如粗车、粗铣、粗刨及钻孔等。加工精度不低于 IT11，表面粗糙度 $R_a > 6.3\mu m$	用于要求不高或非表面配合的最终加工或精加工前的预加工
精加工工序	从粗加工后的工件表面上切去较少的加工余量，使工件达到较高精度及表面质量。常见的工序有精车、精镗、铰孔、磨孔、磨平面、成型磨和电加工等	用于模具工作零件的加工，如凸、凹模的成型磨削及型腔模的动、定模芯与型腔加工
光整加工工序	从经过精加工的工件表面切去很少的加工余量，得到很高的加工精度及很小的表面粗糙度值的加工工序	用于塑料模、压铸模等模腔、型芯的抛光

4.6.5 模具成型零件加工工序的安排

模具成型零件加工工序的安排没有严格规定，有些工序既可放在前边，也可放在后边，但必须保证零件的质量、生产效率与成本，大致可按下面的过程组织生产。

(1) 毛坯制备。

(2) 找正、划线。

(3) 采用普通机床对毛坯进行基准面或外表面加工。

(4) 编制数控程序，准备刀具与工装。

(5) 型面与孔加工，包括钻孔、镗孔、成型铣削加工。

(6) 热处理或表面处理。

(7) 密成型加工，如精密定位孔、线切割成型加工、电火花成型加工、电解加工。

(8) 钳工修整、配研、抛光。

4.7　模具技术水平评估

4.7.1　模具技术水平评估的原则

模具技术水平的高低，最终表现在模具制造周期的长短、模具的使用寿命、模具精度的高低、模具制造成本、模具标准化程度等方面。

1. 模具的制造周期

模具的制造周期反映了模具生产技术水平和组织管理水平的高低。采用计算机辅助设计及数控加工技术，可使模具的制造周期缩短 60%。

2. 模具的使用寿命

提高模具的使用寿命，是一项综合性技术问题。可从模具钢材、模具结构、制造工艺、热处理工艺、模具装配、模具调试与试模、模具使用与保养、模具使用设备的精度等方面加以改进与提高。

3. 模具的精度

模具的精度主要是指模具零件的加工精度，如平行度、垂直度、配合精度及凸凹模、型腔、型芯尺寸精度等。

4. 模具的制造成本

在保证模具的制造周期、模具的使用寿命、模具的精度等要求的前提下，成本越低，表明模具的技术水平越高。我们不能一味地追求质次廉价的模具，否则，模具行业会误入歧途，形成恶性竞争。

5. 模具的标准化程度

模具标准化是专业化生产的重要措施，也是提高劳动生产率、提高产品质量和改善劳动组织管理的重要措施。应不断扩大模具的标准化范围，组织专业化生产，充分满足不同用户的要求。发达国家模具标准件所占比重接近 80%，而我国不到 50%，要走的标准化道路还很长。

4.7.2　提高模具技术水平的措施

在生产中提高模具技术水平的措施有如下几个。

(1)　经常对模具设计人员、工艺人员、技术工人、模具品种、模具质量及寿命、成本、精度、标准化等方面与发达地区、发达国家进行比较、分析，找出差距，及时改进。

(2)　不断研制新的模具结构、新材料、新工艺及新设备。

(3)　组织和调整生产体系，加强经营管理水平。

(4)　大力开展模具标准化与系列化生产。

(5)　加强人员培训与交流，及时更新并掌握新技术。

(6)　引进先进的管理方法、设备和技术。

4.8　模具的基本要求

模具制造及修配后，应满足以下使用要求。

(1)　制造后的模具，能正确而顺利地安装在成型加工机械设备上，包括模具的闭合高度、安装槽(孔)尺寸、顶件杆和模板尺寸等。

(2)　使用模具后，能生产出质量合格的产品，如制品形状、尺寸精度等均符合要求。

(3)　模具的技术状态应保持良好，如各零部件间的配合关系始终处于良好的运行状态，并且使用、安装、操作、维修应方便。

(4)　模具应具有一定的使用寿命。

(5)　模具的成本应低廉。

(6)　在保证质量的前提下，要保证交货期。

4.9　模具的使用安全

安全第一，"安全生产重于泰山"，生产必须安全，安全促进生产。

4.9.1　冲压和注塑生产中发生人身伤害事故各类因素的比率

在冷冲压和注塑生产中发生的人身事故比一般机械加工多，统计事故发生的结果表明：在操作时因送料、取件所发生的事故约占 38%；因毛坯定位不当而在校正毛坯的定位位置时发生的事故约占 20%；因清除模具表面废料、残渣、料尾和其他异料时不慎造成事故的约占 14%；因协同操作和模具安装、调整等方法不当所发生的事故约占 21%；因机械故障发生的事故约占 7%。

4.9.2　冲压和注塑生产中发生事故的主要原因

冲压和注塑生产中发生事故的主要原因有以下 4 个。

(1) 操作者疏忽大意，在滑块下降及合模时将手、臂、头等伸入模具危险区。

(2) 模具结构不合理。如模具因结构原因而引起倾斜、破碎；或因模具结构不合理造成废料飞溅、工件或废料回升而没有预防的结构措施等。

(3) 模具安装、调整、搬运不当。

(4) 压力机的安全装置发生故障或损坏。

4.9.3　模具安全生产的主要措施

从模具设计角度来讲，不仅要考虑模具的生产效率、制造成本、使用寿命，更要考虑操作方便、使用安全，具体如下。

(1) 模具结构要合理，尽可能设计自动化生产的模具，如自动送料和取件机构；模具采用安全防护装置。

(2) 冲压和注塑生产的设备必须符合国家规定的安全标准才能出厂。设备附设的安全装置可以是安全网、双手操作机构、摆杆或转扳护手装置、光电式安全保护装置等。

(3) 加强员工的安全教育和培训，树立安全第一的思想，杜绝人身事故的发生。

4.10　模具的使用、维护和保管

模具的正确使用和合理维护是保证安全生产与产品质量、延长模具使用寿命及提高生产效率、降低生产成本的有效措施。

4.10.1　模具的使用

1. 合理选择与模具工作要求相适应的冷冲压设备或注射机

不但要避免大设备安装小模具造成的浪费，也要避免小设备安装大模具造成设备或人身事故。

2. 正确安装模具

正确安装模具的步骤如下。

(1) 使模具处于闭合状态，测量闭合高度。

(2) 手动调整冲压及注塑设备的闭合高度，使之略大于模具的闭合高度。

(3) 安装冲压模具时，中小型模具是把模柄装入滑块的模柄孔内，依靠锁紧块和顶紧螺栓夹紧。安装模具时将锁紧块拆下，把模具放置在工作台上，移动模具，使模柄对准滑块内孔；手动调整闭合高度，使模柄进入滑块内孔，保证滑块下端面贴紧上模座；装入锁紧块，紧固螺栓，最后固定下模。大型模具安装时，把 T 形螺钉穿入冲床滑块和工作台上的 T 形槽内，通过垫块、压板和螺母装夹。

(4) 安装塑料注射模具时，先将模具吊入注射机的导柱(拉杆)之间，使模具定位圈装入注射机定模座板的定位孔内，用手点动机床将模具加紧，分别固定好动、定模座。

(5) 安装好模具后根据模具的闭合高度调整机床的闭合高度。

（6）调整好机床后，手动操作机床空运行若干次，观察模具是否安装牢固，有无错位，导向部位及侧向运动机构是否平稳、顺畅等。

3. 严格按工艺规程生产

严格按照工艺规程进行生产，要求如下。

（1）遵守模具、设备的安全操作规程。

（2）检查操作使用的夹具、附具是否符合要求。

（3）检查模具的各部件是否良好，紧固件有无松动现象。

（4）检查安全装置是否灵敏可靠。

4.10.2　模具的维护

模具的维护要做到以下七点。

（1）使用前检查模具的完好情况。

（2）注意随时清理模具的工作表面，合模面不得有异物。

（3）运动和导向部位要保持清洁，班前和班中要加油润滑，使之运动灵活可靠，防止卡死、烧伤。

（4）型腔模具要保持型腔的清洁，避免锈蚀、划伤，不用时要喷涂防锈剂。

（5）冲裁模要保持刃口锋利，适时进行刃磨。拉深模要合理选择润滑介质。

（6）注射模具要正确选择脱模剂，以便制品顺利脱模。

（7）使用完毕，要清洁模具的各个工作部位，涂防锈油或喷防锈剂。

4.10.3　模具的保管

模具的保管应注意以下五点。

（1）模具应存放在干燥且通风良好的房间，便于存放和取出，不可随意放在阴暗潮湿的地方，以免生锈。

（2）存放模具前应将其擦拭干净，分门别类地存放，并摆放整齐。为防止导柱和导套生锈，在导柱顶端的注油孔中注入润滑油后盖上纸片，防止灰尘和杂物落入导套内。

（3）冲压模具的凸模与凹模，型腔模的型腔与型芯、配合部位均应喷涂防锈剂，以防生锈。

（4）小型模具应放在模具架上，大中型模具存放时上、下模之间垫以木块限位，避免卸了装置长期受压而失效。

（5）对于长期不用的模具，应经常打开检查并保养，发现锈斑或灰尘时应及时处理。

本 章 小 结

本章介绍了模具的概念，模具的类型，冲压模和型腔模的成型特点，模具生产、维护及使用安全。通过本章的学习，使学生对模具有一个基本了解，为后面学习专业课做好准备。

思考与练习

1. 填空题

(1) 模具是工业生产专用_____的总称，是金属与非金属成型加工的_____，用模具成型制造出来的零件通常称为_____。

(2) 每一个产品零件相对应的生产用_____，只能是_____特定的模具。

(3) 常见的冷冲压模具类型有_____、_____、_____、_____、_____。

(4) 常见的冷型腔模具类型有_____、_____、_____、_____、_____、_____。

2. 简答题

(1) 模具有哪些类型？

(2) 简述冲压模和成型模的成型特点。

(3) 简述模具的生产过程。

(4) 模具制造及修配后，应满足什么基本要求？

(5) 冲压、注塑生产中发生事故的主要原因有哪些？

(6) 怎样才能正确安装模具？

3. 分析题

分析图 4-2～图 4-7 所示的模具类型(如冲压落料模、冲孔模、冲孔落料复合模、弯曲模、拉深模、级进模；塑料注射模、压缩模、吹塑模；金属压铸模等)。

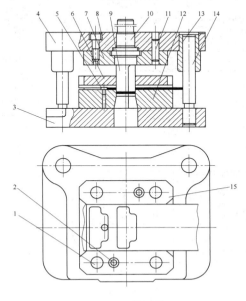

图 4-2　落料模

1、8—螺钉　2、11—圆柱销　3—下模座　4—上模座　5—定位销　6—卸料板
7—凸模固定板　9—凸模　10—模柄　12—凹模　13—导套　14—导柱　15—导向板

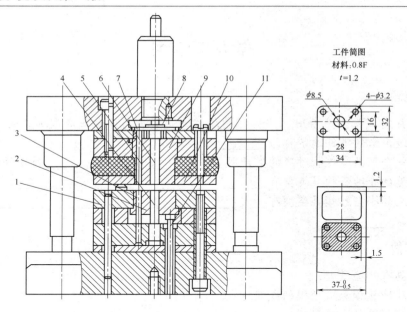

图4-3　正装冲孔落料复合模

1—落料凹模　2—顶件板　3、4—冲孔凸模　5、6—推料杆

7—打料板　8—打杆　9—凸凹模　10—卸料板　11—顶杆

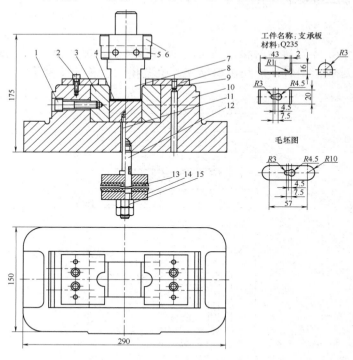

图4-4　弯曲模

1、2—内六角螺钉　3—凹模　4—顶件板　5、9—圆柱销　6—模柄　7—凸模　8—定位板

10—下模座　11—顶料杆　12—拉杆螺钉　13—卸料橡胶　14—托板　15—螺母

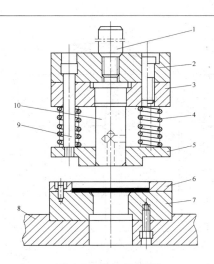

图 4-5　首次拉深模

1—模柄　2—上模座　3—凸模固定板　4—弹簧　5—压边圈
6—定位板　7—凹模　8—下模座　9—卸料螺钉　10—凸模

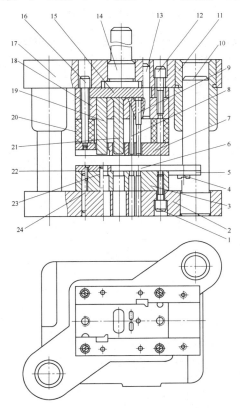

图 4-6　级进模

1、4、12、22—内六角螺栓　2—下模座　3—凹模　5—支承板　6—导料板
7—卸料板　8、9、21—凸模　10—导柱　11—导套　13、23、24—销钉　14—模柄
15—上垫板　16—卸料螺钉　17—上模座　18—凸模固定板　19—侧刃　20—卸料橡胶

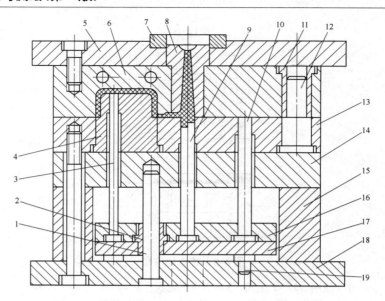

图 4-7 塑料注射模

1—推板导柱   2—推板导套   3—推杆   4—型芯   5—定模座板   6—定模板(A 板)   7—定位圈
8—浇口套   9—拉料杆   10—复位杆   11—导套   12—导柱   13—动模板(B 板)   14—支承板   15—垫块
16—推杆固定板   17—推板   18—动模座板   19—支承钉

第 5 章　冲压模具的拆装与测绘

冲压模具的拆卸是对现有模具进行维修、改造或分析研究，经测量绘制成草图，然后整理并绘制出装配图和零件图的操作过程。

5.1　冲压模具的拆卸

拆卸模具前应做一些准备工作，如准备场地、准备模具、准备工具等。

5.1.1　实训前的准备

(1) 准备单工序模、复合模、级进模若干套。

(2) 拆装工具：准备 150 游标卡尺、2 m 卷尺、90°角尺、内六角扳手、平行垫铁、1/2″×400 钢管、台虎钳、1.5 lb 手锤、十字和一字螺丝刀、铜棒、油石等常用钳工工具。

(3) 准备手套、碎布、木块若干，清洗箱、塑料盒、柴油 5 kg。

(4) 准备 $\phi 6×1000$、$\phi 8×1000$ 钢丝绳或其他吊具，如 M12、M14、M16 吊环。

5.1.2　冲压模具拆卸时的注意事项

拆卸前对需要拆卸的模具进行观察、分析，了解其用途、结构特点、工作原理以及各零件之间的装配关系和紧固方法、相对位置和拆卸方法，并按钳工的基本操作方法来进行，以免损坏模具零件。

(1) 先测量一些重要尺寸，如模具外形：长×宽×高。为了能把拆散的模具零件装配复原和便于画出装配图，在拆卸过程中，各零件及其相对位置应做好标记，并保存好原始记录。

(2) 在拆卸过程中，切忌损坏模具零件，对老师指出不能拆卸的部位，不能强行拆卸。拆卸过程中对少量损伤的零件应及时修复，严重损坏的零件应更换。

不准用铁锤直接敲打模具，防止模具零件变形。

(3) 上下模的导柱和导套不要拆下，否则不易还原。

5.1.3　冲压模具的拆卸顺序

1. 翻转模具

如图 5-1 所示，首先把模具翻转，基准面朝下放在平台上。

2. 分离上、下模

用紫铜棒向模具分离方向打击导柱、导套附近的模板。开模时，上、下模要平行，严禁在模具歪斜的情况下猛打。大型模具要水平放置,即模具工作时的状态,用方木或平行垫铁垫在模具下面,先用吊车吊起上模,然后用铜棒打击下模(打击导柱、导套附近的模板),保证平行分开上、下模,避免斜拉损坏导柱、导套及其他模具零件。

图 5-1　模具拆卸前的放置

如图 5-2 所示为一套倒装落料冲孔复合模具三维结构拆分图。

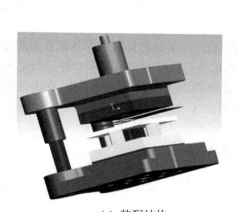

(a) 装配结构

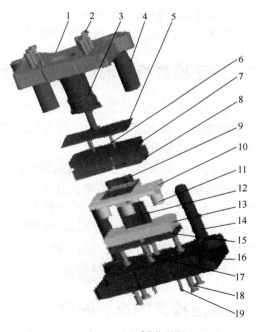

(b) 拆分结构

图 5-2　倒装落料冲孔复合模具三维结构

1—上模座　2—内六角螺栓及圆柱销　3—模柄　4—导套　5—上垫板　6—凸模　7—凸模固定板
8—凹模　9—定位板　10—卸料板　11—卸料弹簧　12—凸凹模　13—凸凹模固定板　14—导柱
15—下垫板　16—下模座　17—卸料螺钉　18—内六角螺钉　19—定位销

3. 拆卸下模

上、下模分离后，再对下模进行拆卸，如图 5-2 所示。

(1) 用内六角扳手卸下凸凹模 12 的紧固螺栓 18 和卸料螺钉 17，由下模座 16 底面向凸凹模方向打出全部定位销钉 19。然后分开凸凹模固定板 13，取下卸料弹簧(或卸料橡胶)、卸料板 10 和下模座 16。

(2) 若凹模在下模，且有导料板，则卸下导料板螺钉和定位销钉，使导料板与凹模分开。若凹模是镶拼结构，应首先拆出紧固凹模的内六角螺栓，拆卸时用平行垫铁垫在固定板两侧，垫铁尽量靠近凹模的外边缘，以减小力臂。用铜棒打出凹模(凸凹模)，凹模受力要均匀，禁止在歪斜情况下强行打出，以保证凹模和固定板完好不变形。

4. 拆卸上模

上、下模分离后，再对上模进行拆卸，如图 5-2 所示。

(1) 如果是螺钉固定式凸缘模柄，先拆下螺钉和销钉，再分离模柄和上模座；如果是嵌入式模柄 3，需要等上模全部拆卸完后再用紫铜棒打出。

(2) 用内六角扳手卸下凹模紧固螺栓 2。

(3) 由上模座顶面向固定板方向打出销钉，分开上模座 1、上垫板 5、凸模固定板 7。

(4) 用紫铜棒将凸模(或凹模)6 从凸模固定板中打出。

5. 拆卸时的注意事项

(1) 拆下的上、下模座板和固定板等零件务必放置稳当，防止滑落、倾倒砸伤人而出现事故，特别是大型的冲压模具更要注意这一点。

(2) 对于各类对称零件及安装方位易混淆的零件，在拆卸时要做上记号，以免安装时搞错方向。

(3) 拆下的螺栓、销钉及各类小零件需用盒子装起来，或分类摆放整齐，以防丢失，也方便随后安装，如图 5-3 所示。

图 5-3　模具零件分类摆放整齐

图 5-4 所示为一套落料拉深复合模具三维结构拆分图，拆卸顺序类似图 5-2 所示的模

具，读者可以根据拆分图叙述拆卸过程。

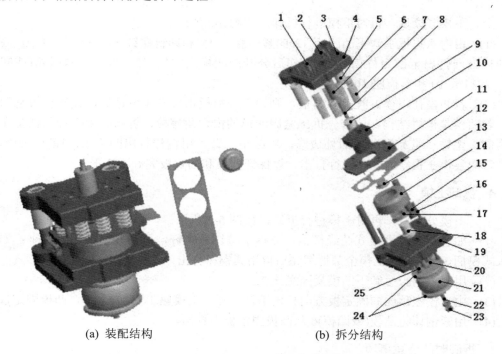

(a) 装配结构　　　　　　　　　　(b) 拆分结构

图 5-4　落料拉深复合模具结构

1—定位销　2—内六角螺钉　3—卸料螺钉　4—上模座　5—导套　6—模柄　7—卸料弹簧　8—打料杆
9—推料块　10—凸凹模　11—卸料板　12—毛坯料　13—工件　14—零件　15—导柱　16—挡料销
17—压边圈　18—凸模　19—下模座　20—顶杆　21—压料橡胶　22—双头螺钉　23—螺母
24—顶板　25—内六角螺钉

5.2　草绘冲压模具零件

　　学习先进的模具技术及改造、修配、仿造模具等，都需要进行模具零件测绘。所谓模具测绘是把现有模具零件测绘成符合生产要求的模具草图，着重生产现场实际的应用。因此，模具测绘不仅是掌握目测方法和徒手画模具零件草图的技巧，也是模具工程技术人员及模具技师必须掌握的基本技能之一。

5.2.1　模具零件的测绘方法和步骤

　　(1)　绘图前，仔细观察、分析模具零件，确定各部分的形状和相互关系，选择主视图的投射方向。

　　(2)　目测模具零件大小，通常采用先确定零件基本单位长度，然后以此长度确定其他各部分尺寸的大小。应使绘制的模具零件三视图总体和局部形状、大小比较接近零件的实际情况。

　　(3)　画图时，应先画出叠加体，后画出切割体(剖视图)。

（4）绘制完三视图轮廓线后，再徒手画出每部分的尺寸界线、尺寸线和箭头，然后测量模具零件，并将每次测得的数值填写在尺寸线上。

（5）检查各视图及标注的尺寸是否正确，确定无误后，徒手描粗图线。

（6）拟定技术要求，检查、填写标题栏。

5.2.2　测量上模、下模各零件并绘制草图

组成模具的每种零件，除标准件外，都应画出草图，并且各关联零件之间的尺寸要协调一致。对于标准件，只要测量出其规格尺寸，查看有关标准后列表记录即可。

如图 5-5 所示为支承板落料冲孔复合模，其标题栏和明细表如图 5-6 所示，拆卸后各零件测绘草图及相关尺寸、形位公差、表面粗糙度标注如图 5-7～图 5-20 所示。

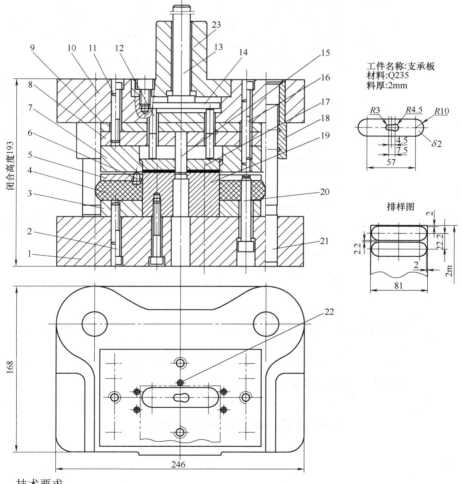

技术要求

1. 模具闭合高度 193 mm；
2. 使用设备：40 t 压力机；
3. 模架规格：180×125 Ⅰ 级精度，GB/T 2851.3—1990。

图 5-5　支承板落料冲孔复合模

23	M10—100—18	模柄	45	1	
22	M10—100—17	挡料销	T8A	2	50～55HRC
21		导柱	T8A	2	56～60HRC
20	M10—100—16	卸料螺钉	45	4	30～35HRC
19	M10—100—15	凸凹模	Cr12MoV	1	58～62HRC
18		导套	T8A	2	56～60HRC
17	M10—100—14	推件板	45	1	30～35HRC
16	GB/T 70.1—2000	内六角螺钉		4	M10×80
15	M10—100—13	凸模	Cr12MoV	1	56～60HRC
14	M10—100—12	推板	45	1	30～35HRC
13	M10—100—11	打料杆	T8A	1	30～35HRC
12	M10—100—10	推杆	T8A	2	50～55HRC
11	GB119—86	圆柱销	45	2	ϕ10×70
10	M10—100—09	上模座	HT200	1	
9	M10—100—08	上垫板	45	1	30～35HRC
8	M10—100—07	凸模固定板	45	1	30～35HRC
7	M10—100—06	凹模	Cr12MoV	1	58～62HRC
6	M10—100—05	导料销	T8A	2	50～55HRC
5	M10—100—04	卸料板	45	1	35～40HRC
4	M10—100—03	卸料橡胶	丁氰胶	1	
3	M10—100—02	凸凹模固定板	45	1	30～35HRC
2	GB/T 70.1—2000	内六角螺钉		4	M10×50
1	M10—100—01	下模座	HT200	1	
序号	图　号	名　称	材　料	数量	备　注

				支承板落料冲孔模装配图	×××公司
标记	处数	分区	更改	签名	年月日		M10—100—00
设计			标准化			阶段标记	质量	比例	
审核								
工艺			批准			共18张	第1张	

图 5-6　支承板落料冲孔模标题栏和明细表

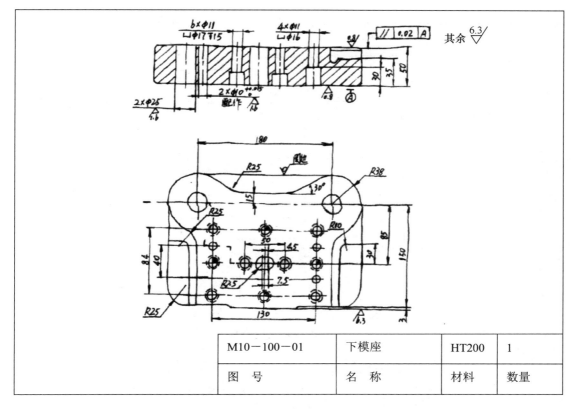

M10－100－01	下模座	HT200	1
图　号	名　称	材料	数量

图 5-7　下模座草绘图

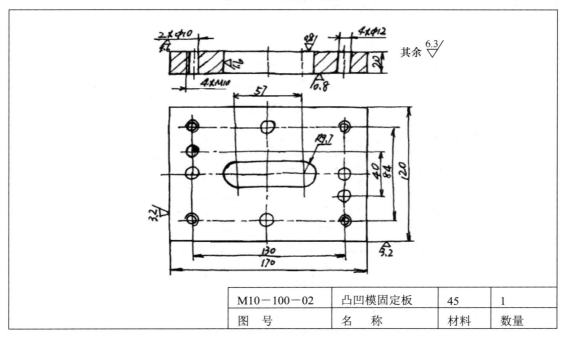

M10－100－02	凸凹模固定板	45	1
图　号	名　称	材料	数量

图 5-8　凸凹模固定板草绘图

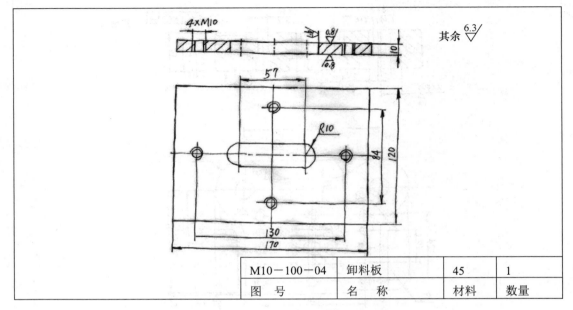

M10-100-04	卸料板	45	1
图 号	名 称	材料	数量

图 5-9　卸料板草绘图

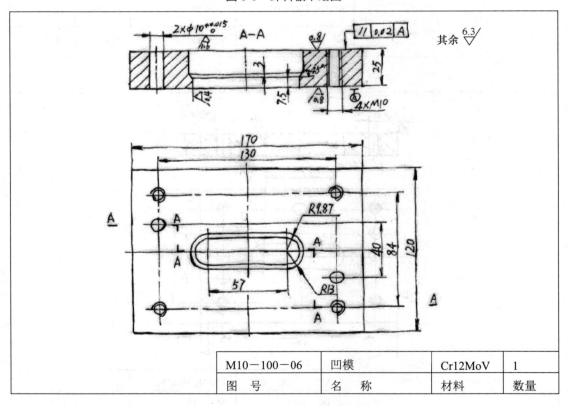

M10-100-06	凹模	Cr12MoV	1
图 号	名 称	材料	数量

图 5-10　凹模草绘图

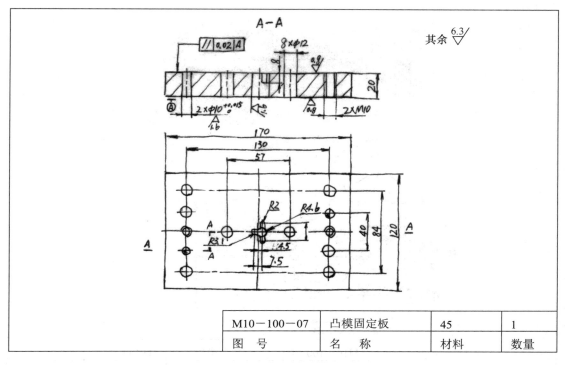

M10－100－07	凸模固定板	45	1
图　号	名　　称	材料	数量

图 5-11　凸模固定板草绘图

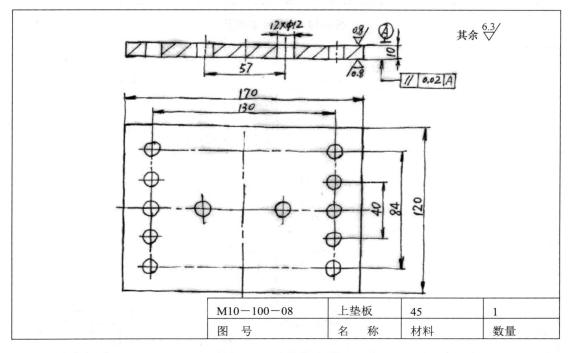

M10－100－08	上垫板	45	1
图　号	名　　称	材料	数量

图 5-12　上垫板草绘图

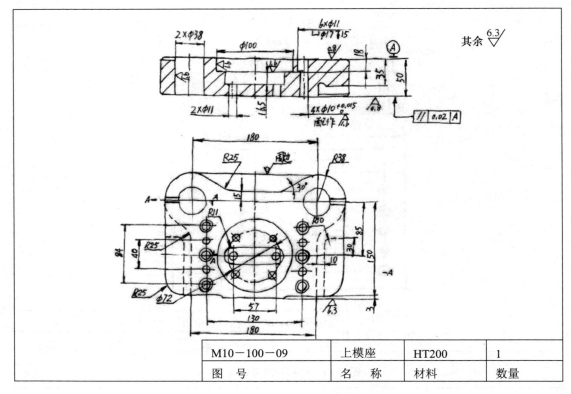

M10－100－09	上模座	HT200	1
图　号	名　称	材料	数量

图 5-13　上模座草绘图

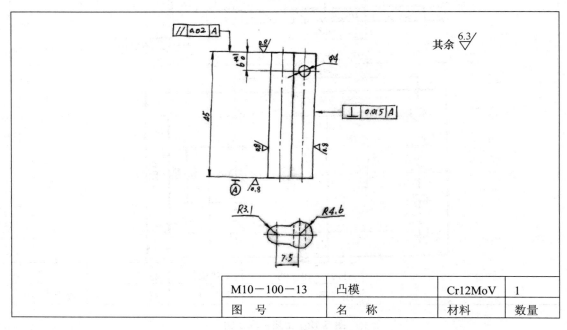

M10－100－13	凸模	Cr12MoV	1
图　号	名　称	材料	数量

图 5-14　凸模草绘图

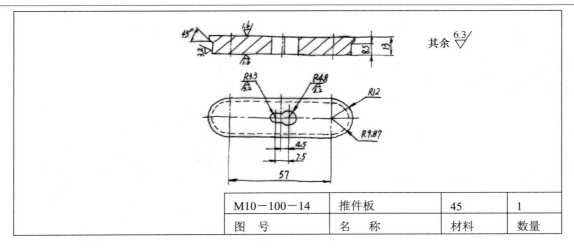

M10－100－14	推件板	45	1
图　号	名　称	材料	数量

图 5-15　推件板草绘图

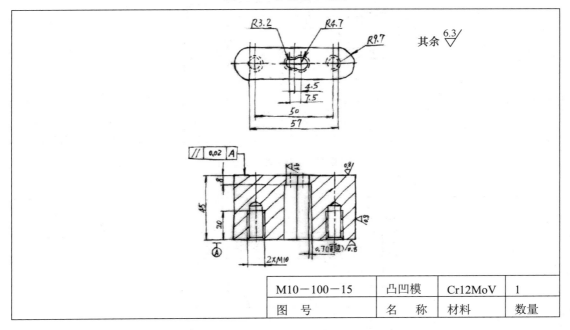

M10－100－15	凸凹模	Cr12MoV	1
图　号	名　称	材料	数量

图 5-16　凸凹模草绘图

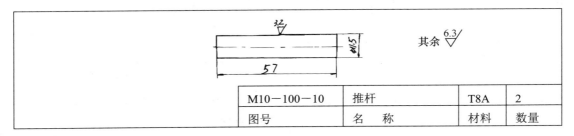

M10－100－10	推杆	T8A	2
图　号	名　称	材料	数量

图 5-17　推杆草绘图

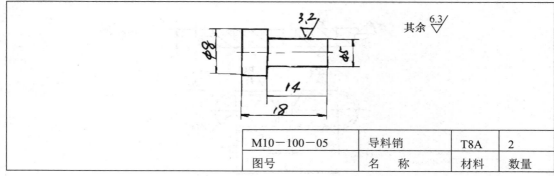

M10－100－05	导料销	T8A	2
图号	名　　称	材料	数量

图 5-18 导料销草绘图

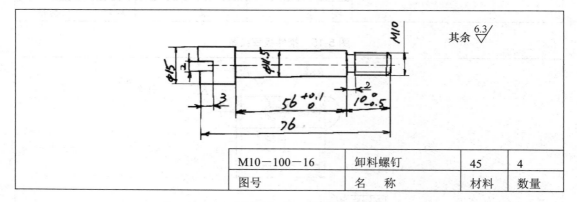

M10－100－16	卸料螺钉	45	4
图号	名　　称	材料	数量

图 5-19　卸料螺钉草绘图

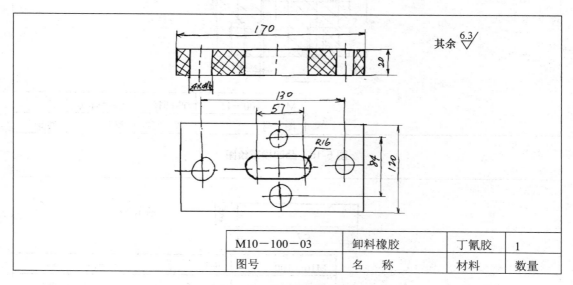

M10－100－03	卸料橡胶	丁氰胶	1
图号	名　　称	材料	数量

图 5-20　卸料橡胶草绘图

<h2 style="text-align:center">5.3　冲压模具的装配</h2>

　　模具制造装配与拆卸装配是两个完全不同的过程，不能混为一谈。制造装配是一个复杂、费时和技术要求较高的环节。拆卸装配技术要求不高，其装配顺序是按照拆卸的逆顺序进行的。

5.3.1　模具装配前的准备

　　装配前需用柴油清洗各零件，特别是螺纹孔、销钉孔要用抹布擦拭干净。如图 5-21 所示为一套倒装落料冲孔复合模具三维结构装配图。如图 5-22 所示为一套落料拉深复合模具三维结构装配图。

图 5-21　倒装落料冲孔复合模具三维结构图

图 5-22　落料拉深复合模具三维结构图

5.3.2 上模的安装

上模的安装通常按一定步骤进行，对应上模安装图5-23，具体操作如下。

（1）用游标卡尺测量凸模15的外形尺寸和固定板8的内孔尺寸，防止凸模装错位置或方向。用铜棒把凸模15垂直打入凸模固定板8对应的孔中，保证凸模与固定板底面垂直。

（2）若凹模是镶拼结构，应先把凹模装入固定板，用平行垫铁垫起固定板两侧，垫铁尽量靠近固定板孔边，以减小力臂。然后用铜棒打入凹模，凹模受力要均匀，禁止在歪斜情况下强行打入，保证凹模和固定板完好不变形，装入后的凹模两底面应与固定板相平。

（3）凹模中有推件板17，装配前应把推件板17放入凹模7内。

（4）把凸模固定板8、上垫板9、上模座10按照拆卸时所做的标记合拢，对正销钉孔，打入圆柱销钉11，用内六角螺钉16紧固上模。M8以上的螺钉需用加力杆(4分水管)来拧紧。

（5）装入推杆12和推板14。把打料杆13大端朝下装入模柄23孔内，然后整体装入上模座沉孔内，并用内六角螺钉紧固。

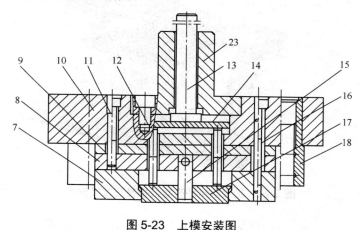

图5-23 上模安装图

上模装配完毕后，检查各零件的位置是否正确，工作台面上有无遗漏零件。

5.3.3 下模的安装

下模的安装也需按一定步骤进行，对应下模安装图5-24，过程如下。

（1）正装复合模，凹模在下，凹模内有下顶出装置，按拆卸的逆顺序装好相关模具零件。

本例为倒装复合模，凸凹模19在下。首先把凸凹模19按对应位置，用铜棒垂直打入凸凹模固定板3的孔内，避免歪斜。

（2）按照拆卸时所做的标记合拢凸凹模固定板与下模座，对正销钉孔，打入圆柱销钉，然后用内六角螺钉2与下模座紧固。

（3）装入卸料橡胶4。

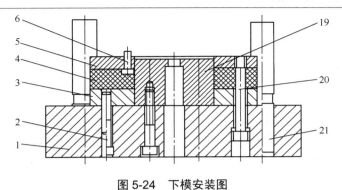

图 5-24　下模安装图

(4)　把挡料销 22 与导料销 6 装入卸料板 5 内，再整体装到凸凹模 19 上，收紧卸料螺钉 20，保证卸料板工作面高出凸模工作面 0.5～1.0 mm。

5.3.4　上、下模合模

合模前，导柱、导套需加机油润滑。合模时，上、下模应处于工作状态，即上模在上，下模在下，中间加等高垫铁或方木，防止合模到位后引起冲击。上、下模要平行，导柱、导套要顺滑，用铜棒轻击即可自动合拢，禁止上、下模在歪斜情况下强行合模。最后再一次检查工作场所周围有无零件掉落。

5.4　冲压模具平面装配图的绘制

每套模具都是由一些零(组)件按一定形状、精度和技术要求装配而成的。组成整套模具的各个零件按规定的画法，简明地反映零件相互之间装配关系的图样称为模具装配图。

5.4.1　模具平面装配图的作用

新模具的设计、仿制及旧模具改造，一般要先画出模具装配图，再由模具装配图拆画模具零件图。在模具的制造过程中，模具装配图是指导模具装配、检验的重要技术依据。在模具的使用和技术交流中，通常通过模具装配图便可了解其性能、工作原理、使用和维修方法等。因此，模具装配图是指导模具生产、维修和改造的重要技术文件。

5.4.2　模具平面装配图的内容

如图 5-5 所示的支承板落料冲孔复合模是由 23 种零件(包括标准件)装配而成的。

画模具装配图时，主视图应采用阶梯或旋转剖视，尽量使每一类模具零件都反映在主视图中。模具工作位置的主视图一般应按模具闭合状态画出，按先里后外、由上而下，即按产品零件图、凸模、凹模的顺序绘制，零件太多时允许只画出一半，无法全部画出时，可在左视图或俯视图中画出；俯视图应按模具打开状态，取走上模画下模的俯视图；装配图的右上角为冲压制件图；当模具尺寸较大或较复杂，一张图纸画不下时，冲压制件图、标题栏和明细表可另外单独画出，如图 5-6 所示为支承板落料冲孔复合模的标题栏和明细表。

从图 5-5、图 5-6 中可以看出，一张完整的装配图应包括以下内容。

1．两组图形

如图 5-5 所示，两组图形包括模具图与产品图。一组用来表示模具装配体的结构形状、工作原理、各零件的装配和连接关系以及零件的主要结构形式；另一组表示模具所生产的制件图形状和尺寸、公差。

2．必要的尺寸

在装配图上标出模具的长、宽、高外形尺寸及重要的尺寸与配合公差。如图 5-5 所示，模具闭合高度为 193 mm，长为 246 mm，宽为 168 mm。

3．技术要求

用符号或文字注明模具在装配、检验、调试、使用等方面应达到的技术要求，如图 5-5 所示。

(1) 装配要求，是指装配过程中的注意事项及装配后应达到的技术要求。

(2) 使用要求，是指对模具的性能、维护、保养、使用注意事项的说明。

4．序号、明细表和标题栏

为便于阅读模具装配图和生产过程的图纸、技术文件管理、标准件采购、生产过程控制，必须在明细表中填写装配图中各零件的序号、图号，在标题栏中填写模具名称、模具图号以及设计、审核、工艺、标准化、批准等有关人员签名，如图 5-6 所示。

5.4.3 模具平面装配图的画法

模具平面装配图的画法须符合国家的制图标准，不能随心所欲、想当然，如图 5-5 所示。

(1) 两个相邻零件的接触面或配合面，只画一条轮廓线；而两个相邻零件的非接触面或非配合面(基本尺寸不同)，不论间隙大小，都应画两条轮廓线，以表示存在间隙。相邻零件被剖切时，剖面线倾斜方向应相反；几个相邻零件被剖切时，可用剖面线的间隔(密度)不同、倾斜方向或错开等方法加以区别。但在同一张图纸上，同一个零件在不同的视图中的剖面线方向、间隔应相同。

(2) 冲模装配图上零件的部分工艺结构，如倒角、圆角、退刀槽、凹坑、凸台、滚花、刻线及其他细节可不画出。螺栓、螺母、销钉等因倒角而产生的线段允许省略。对于相同零部件组，如螺栓、螺钉、销的连接，允许只画出一处或几处，其余则以点画线表示中心位置即可，如图 5-5 所示。

(3) 对于螺栓(螺钉)、圆导柱、圆凸模、手柄、圆球、导向键、销钉等实心零件，若按纵向剖切，且剖切平面通过其对称平面或轴线时，则这些零件均按不剖绘制；若横向剖切上述零件，则照常画出剖面线，如图 5-5 所示。

(4) 模具装配图上零件的断面厚度小于或等于 2 mm 时，允许用涂黑代替剖面线，如模具中的垫圈、冲压钣金零件及毛坯等，如图 5-5 所示。

(5) 装配图上弹簧的画法。被弹簧挡住的结构不必画出，可见部分轮廓只需画出弹簧丝断面中心或弹簧外径轮廓线，如图 5-25(a)所示。弹簧丝直径在图形上小于或等于 2 mm 的断面可以涂黑，也可用示意图画出，如图 5-25(b)、(c)所示。

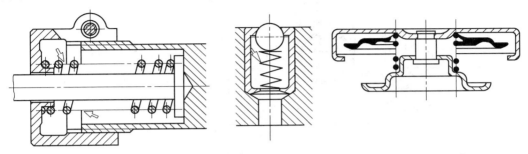

(a) 被弹簧挡住的结构不画出　　(b) 弹簧丝示意画法　　(c) 弹簧丝断面涂黑

图 5-25　模具装配图中螺旋压缩弹簧的规定画法

也可以用简化画法，即双点划线表示外形轮廓，中间用交叉的双点画线表示，如图 5-26 所示。弹簧简化画法在模具中的表示如图 5-27 所示。

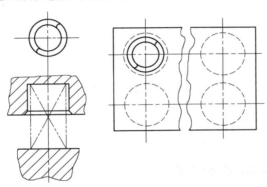

图 5-26　弹簧的简化画法

(6) 模具装配图上的零件序号、图号(代号)、明细表和标题栏的画法。

① 序号。序号是模具上的每一种零件的顺序编号。装配图的序号由指引线、小圆点(或箭头)、序号数字组成，如图 5-5 所示的序号 1～23。

指引线的规定画法：

指引线从零件的可见轮廓内引出或者画一个小圆点引出，互不相交，如图 5-28 所示。当不便在零件轮廓内画出小圆点时，可用箭头代替，箭头指在该零件的轮廓线上，如图 5-29 所示。

指引线与轮廓线、剖面线平行或指引线相互交叉时，允许转折一次，如图 5-30 所示。

对一组紧固件(如螺栓、螺母、垫圈)或装配关系清楚的零件组可共用一条指引线，如图 5-31 所示。

序号的标注形式如图 5-5 所示。

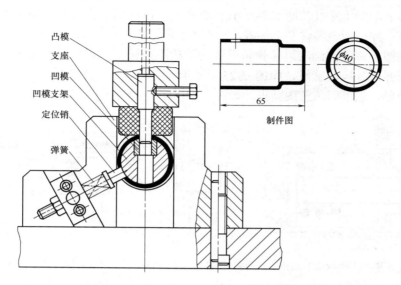

图 5-27　管件冲孔模弹簧的简化画法

(a) 指引线标注一　　　　(b) 指引线标注二　　　　(c) 指引线标注三

图 5-28　指引线的画法

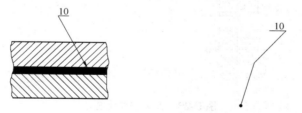

图 5-29　指引线上箭头替代圆点　　　　图 5-30　指引线转折

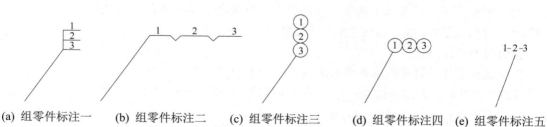

(a) 组零件标注一　　(b) 组零件标注二　　(c) 组零件标注三　　(d) 组零件标注四　　(e) 组零件标注五

图 5-31　一组零件标注

　　每一种零件(可能多个零件在不同位置)只标注一次且只使用一个序号。

　　序号的数字写在指引线末端的水平线上或圆圈内，数字的字号比图中所注尺寸数字大

1 号或 2 号。

序号应按顺时针或逆时针方向在整组图形外围整齐排列，并尽量使序号的间隔相等。

② 图号(代号)。有图纸的零件必须标明图号，且与装配图明细表中的图号栏一致，以便于生产过程的控制，即备料、加工、检验、储存、装配等过程不至于混乱。对于螺栓、螺母、垫圈、销钉等标准件不需要单独画出零件图，因此没有图号，在装配图中只标注序号即可，如图 5-5、图 5-6 所示。

③ 在装配图中，明细表用来说明各零件的序号、图号(代号)、名称、数量、材料和备注(热处理硬度、标准件国标号等)。图号栏中应填写零件的图号，是标准件的填写国标代号。备注栏中应填写零件的相关说明，如热处理硬度、标准件规格(内六角螺栓 M10×50、销钉 ϕ 8×40)等项内容。常用的明细表的形式与尺寸如图 5-32 所示。

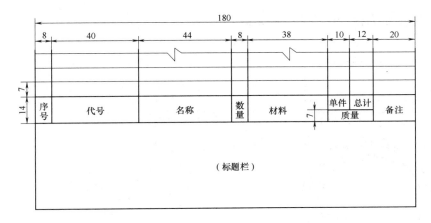

图 5-32　装配图明细表

④ 无论是装配图还是零件图都应画出标题栏，并注明单位名称、模具或零件名称、图号、比例及责任者的签名和日期等相关内容，如图 5-33 所示。

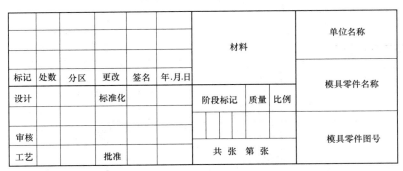

图 5-33　标题栏

5.5　由模具平面装配图拆画零件图

由模具装配图拆画零件图是继续设计零件的过程，也是模具设计工作中的重要环节。

5.5.1 模具零件图的作用与内容

除标准件外，每一个零件都应有图纸，而每一张图纸上都应有相关内容。

1. 模具零件图的作用

每一套模具都是由许多零件按一定的装配关系和技术要求装配起来的。表示模具结构、大小及技术要求的图样称为模具零件图。模具零件图是制造和检验模具零件的依据，是指导模具零件生产的重要技术文件。

2. 模具零件图的内容

如图 5-34 所示为模具镶件的一幅完整零件图。

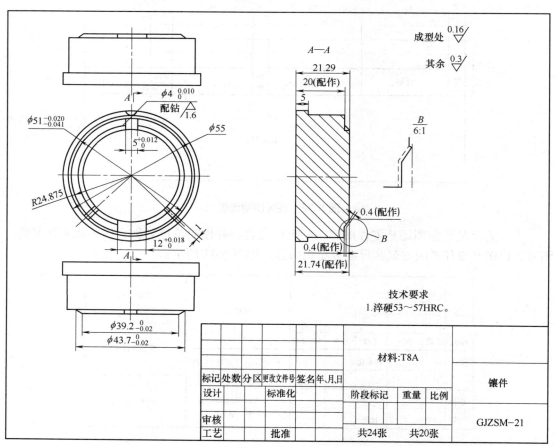

图 5-34 模具镶件图

从图 5-34 中可以看出，一张完整的模具零件图包括以下四个方面的内容。

1) 一组图形

用必要的视图、剖视图、断面图及其他表示方法，正确、完整、清晰地表示出模具零件的内外结构和形状。图 5-34 中由主视图、俯视图、底视图、左视图及 B 处局部放大视图组成。

2)　完整的尺寸

正确、完整、清晰地标注出模具零件在制造、检验和装配时所需的尺寸与公差，如高度 21.74 需配作。重要尺寸标注公差，如外径 $\phi51_{-0.014}^{-0.020}$。

3)　技术要求

用规定的代号、数字或文字，标出模具零件在制造、检验、装配、调试过程中应达到的要求，如表面粗糙度、尺寸公差、位置公差及热处理(淬硬 53～57HRC)要求等。

4)　标题栏

在标题栏中应填写模具零件的名称、数量、材料、比例、图号及有关人员签名、日期等信息，如图 5-33 所示。

5.5.2　由模具装配图拆画模具零件图的步骤

由模具装配图拆画模具零件图时应遵循一定的顺序和步骤。

1. 选择表示方案

模具零件图与模具装配图表示的侧重点不同，模具装配图的表示方案是从整套模具结构来考虑，通常无法符合每一个零件的表示需要。因此，拆画模具零件图时，选定的零件视图方案应根据零件自身的结构特点和零件视图选择原则，重新考虑，不能机械地照抄装配图上零件的视图方案。

2. 补全模具零件的部分形状和工艺结构

模具装配图主要表示总体关系，对零件的次要结构并未表示完全，在拆画零件图时，应根据模具零件的作用和要求予以补充完善，补画装配图中省略或简化的部分，如工艺结构中的倒角、圆角、退刀槽和砂轮越程槽等。

3. 补全模具零件所缺的尺寸

1)　抄注尺寸

模具装配图上已注出重要尺寸，应直接抄注在模具零件图上，如配合公差等。

2)　查找标准

模具零件的标准结构的尺寸，应从明细表或有关标准中查得。如螺栓、螺母、圆销等的标准件尺寸；螺孔、螺孔深、销孔等的尺寸；标准结构的倒角、倒圆、退刀槽等的尺寸数值。

3)　计算尺寸

需要计算确定的尺寸，必须通过计算来确定，如凸、凹模的刃口尺寸等。

4)　量取尺寸

装配图上没有标出的不重要尺寸，可按绘图比例从装配图上直接量得，如垫板及上下模座厚度等的尺寸，并取整数。

5)　协调尺寸关系

有装配关系和相对位置的尺寸，在相关模具零件图上要协调一致。如凸模和凸模固定板、凹模、卸料板等零件，其工作尺寸必须保持一致。

4. 模具零件图上技术要求的确定

根据模具零件的作用、要求，采用类比法，即参考同类模具零件产品图样、资料来确定技术要求。对于模具装配图上给定的尺寸公差代号，应查出其相应极限偏差标注在图上，如导柱与导套的配合，导柱、导套与上下模座的配合，凸模或凹模与固定板的配合等。

对有相对运动和配合要求的表面，如导柱与导套的配合面，其表面粗糙度、形位公差应有较高要求，为提高接触面的耐磨性，表面应有较高的硬度。

下面我们根据模具装配图 5-5 和零件草图，拆画出每个零件的零件图，并标出技术要求，如图 5-35～图 5-44 所示。

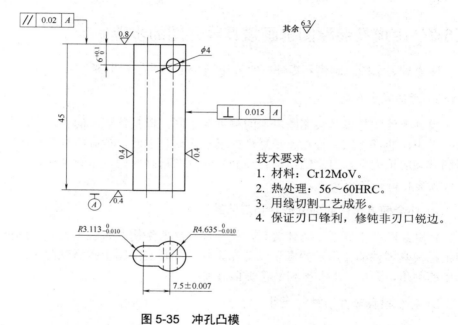

技术要求
1. 材料：Cr12MoV。
2. 热处理：56～60HRC。
3. 用线切割工艺成形。
4. 保证刃口锋利，修钝非刃口锐边。

图 5-35　冲孔凸模

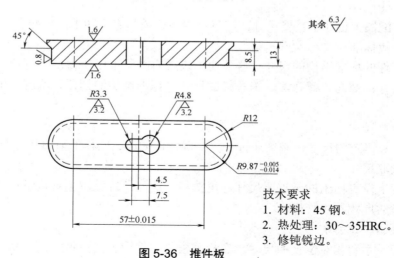

技术要求
1. 材料：45 钢。
2. 热处理：30～35HRC。
3. 修钝锐边。

图 5-36　推件板

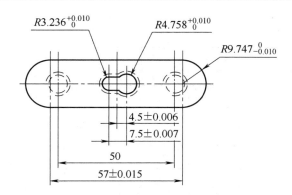

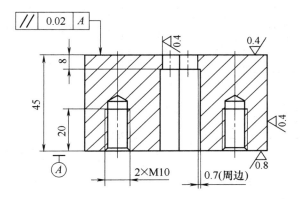

其余 $\sqrt{\dfrac{6.3}{}}$

技术要求
1. 材料：Cr12MoV。
2. 热处理：58～62HRC。
3. 用线切割工艺成形。
4. 保证刃口锋利，修钝非刃口锐边。

图 5-37　凸凹模

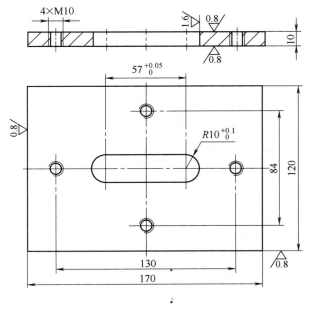

其余 $\sqrt{\dfrac{6.3}{}}$

技术要求
1. 材料：45 钢。
2. 热处理：35～40HRC。
3. 修钝锐边。

图 5-38　卸料板

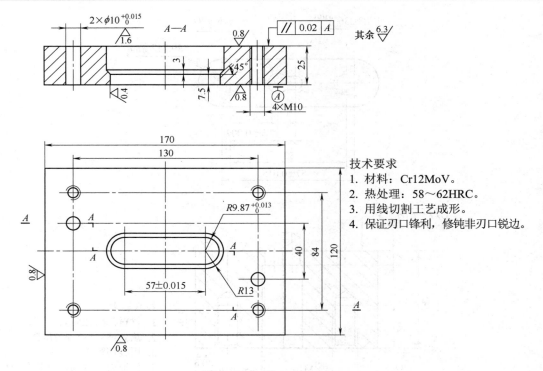

图 5-39 凹模

技术要求
1. 材料：Cr12MoV。
2. 热处理：58～62HRC。
3. 用线切割工艺成形。
4. 保证刃口锋利，修钝非刃口锐边。

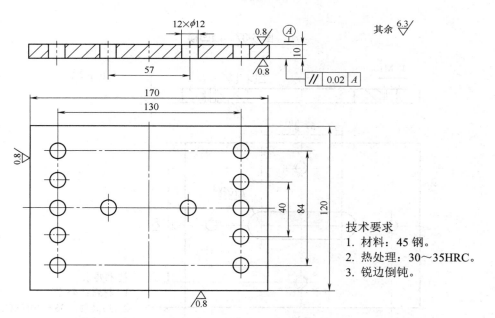

图 5-40 上垫板

技术要求
1. 材料：45 钢。
2. 热处理：30～35HRC。
3. 锐边倒钝。

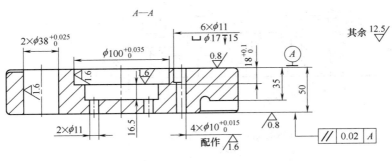

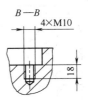

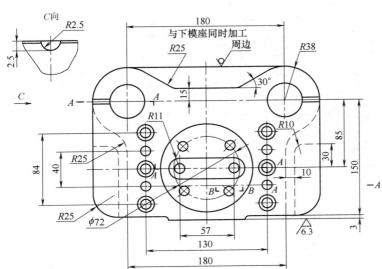

技术要求
1. 材料：HT200。
2. 未注圆角半径为 R3～R5。
3. 铸件的非加工表面须清砂处理，表面光滑平整，无明显凸凹缺陷。
4. 零件加工前应进行人工时效。
5. 导套孔应和导柱孔配制加工。
6. 锐边倒角 C0.5。

图 5-41　上模座

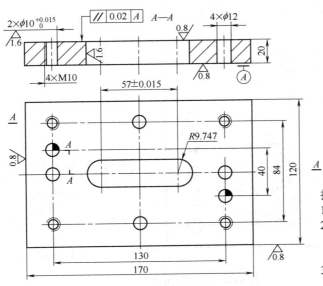

技术要求
1. 材料：45 钢。
2. 固定凸模型孔按凸模实际尺寸配作，保证 M7/h6 的配合要求。
3. 修钝锐边。

图 5-42　凸凹模固定板

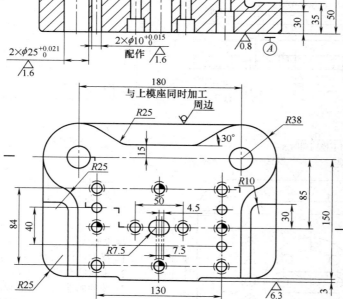

图 5-43　下模座

技术要求
1. 材料：HT200。
2. 未注圆角半径为 3～5。
3. 铸件的非加工表面须清砂处理，表面光滑平整，无明显凸凹缺陷。
4. 零件加工前应进行人工时效。
5. 导套孔应和导柱孔配制加工。
6. 锐边倒角 C0.5。

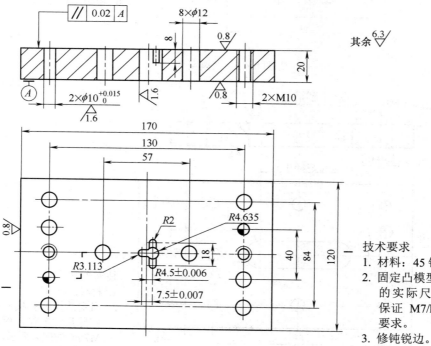

图 5-44　凸模固定板

技术要求
1. 材料：45 钢。
2. 固定凸模型孔按凸模的实际尺寸配作，保证 M7/h6 的配合要求。
3. 修钝锐边。

为节省页面，图形没有放在图框中，也没有画出标题栏，但在实际生产中，模具零件图除标注技术要求外，还必须要有图框和标题栏，我们从一开始就应养成良好的、严谨的学习和工作习惯。

本 章 小 结

本章通过对冲压模具的拆卸、测绘、安装及模具装配图、零件图绘制等内容的讲解，引领学生复习以前学过的制图知识，同时对冲压模具有一个初步了解，为今后学习专业课打下扎实的基础。通过本章的学习，学生能够独立对小型、简单的冲压模具进行拆装和测绘。

思考与练习

1. 填空题

(1) 冲压模具拆卸是对现有模具进行＿＿＿＿＿、＿＿＿＿＿或＿＿＿＿＿，经测量绘制成＿＿＿＿＿，然后整理并绘制出＿＿＿＿＿和＿＿＿＿＿的操作过程。

(2) 冲压模具拆卸前对需要拆卸的＿＿＿＿＿进行观察、分析，了解其用途、结构特点、工作原理以及各零件之间的＿＿＿＿＿关系和＿＿＿＿＿方法、＿＿＿＿＿位置和＿＿＿＿＿方法，并按钳工的基本操作方法进行，以免损坏模具零件。

(3) 在冲压模具拆卸过程中，不能拆卸的部位，不能强行＿＿＿＿＿。拆卸过程中对少量损伤的零件应及时＿＿＿＿＿，严重损坏的零件应更换。不准用＿＿＿＿＿直接敲打模具，以防模具零件变形。

(4) 装配模具时，销钉和螺栓的装配顺序是先装入＿＿＿＿＿，后收紧＿＿＿＿＿。

(5) 模具合模时，上、下模应＿＿＿＿＿，导柱、导套要＿＿＿＿＿，用铜棒轻击即可自动合拢，禁止上、下模在＿＿＿＿＿情况下强行合模。

2. 简答题

简述模具平面装配图的作用和内容。

3. 综合应用题

在模具拆装实训过程中，按要求绘制所拆装冲压模具的零件草图、平面装配图和零件图。

4. 分析题

简述图 5-45～图 5-48 所示的冲压模具的拆卸与安装过程。

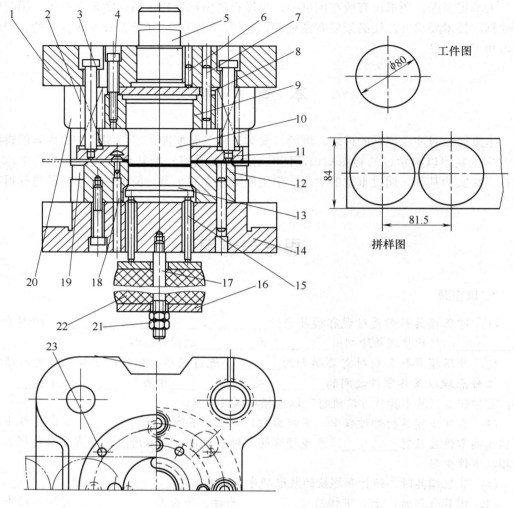

图 5-45 圆片落料模

1—上模座 2—卸料弹簧 3—卸料螺钉 4—内六角螺栓 5—模柄 6、7—圆柱销 8—上垫板
9—凸模固定板 10—凸模 11—卸料板 12—凹模 13—顶料块 14—下模座 15—顶杆
16—顶板 17—双头螺栓 18、23—挡料销 19—导柱 20—导套 21—螺母 22—卸料橡胶

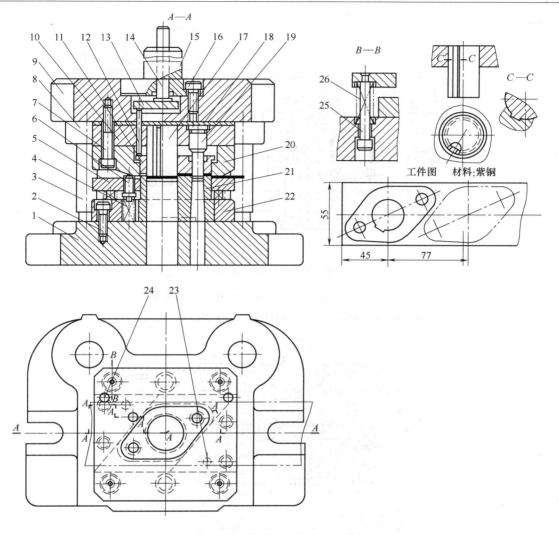

图 5-46　垫片落料冲孔复合模

1—下模座　2、7、16—内六角螺栓　3—导柱　4、26—弹簧　5—卸料板　6、24—活动挡料销

8—导套　9—上模座　10—凸模固定板　11—顶件块　12—顶杆　13—推板　14—打料杆

15—模柄　17—冲大孔凸模　18—上垫板　19—冲小孔凸模　20—凹模　21—凸凹模

22—凸凹模固定板　23—圆柱销　25—卸料螺钉

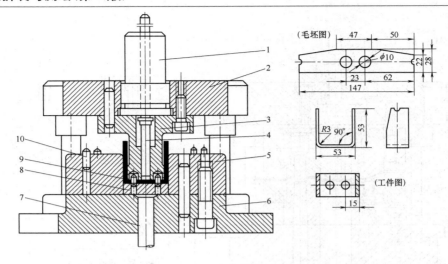

图 5-47　U 形件弯曲模

1—模柄　2—上模座　3—弯曲凸模　4—推料杆

5—凹模　6—下模座　7—顶料杆　8—顶料块　9、10—定位销

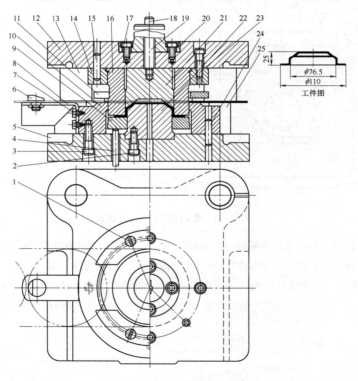

图 5-48　落料拉深模

1—沉头螺钉　2、3、17、23—内六角螺栓　4—顶杆　5—下模座　6—定位销　7—六角头螺栓

8—托料板　9—顶料块　10—凹模　11—卸料板　12—上模座　13—导套　14—凸凹模固定板

15、24—圆柱销　16—凸凹模　18—开口销　19—打料杆　20—模柄　21—活动凹模　22—凸模　25—导柱

第 6 章　塑料模具的拆装与测绘

塑料模具的种类很多，常见的有注射模、压注模、压缩模、挤出模、中空吹塑模、真空吸塑模、压缩空气成型模、旋转成型模、发泡成型模、空气辅助成型模等类型。用量最大和最普遍的塑料模具是注射模，本章以注射模为例进行讲解。

6.1　注射模具的拆卸

注射模具的拆卸是对现有模具进行维修、改造或分析研究，经测量绘制成草图，然后整理并绘制出装配图和零件图的操作过程。

实训前的准备参见 5.1.1 节。

6.1.1　了解和分析模具结构

拆卸前对需要拆卸的塑料模具进行观察，对模具的类型进行分析，了解其用途并分析制品的几何形状、模具结构特点、工作原理以及各零件之间的装配关系和紧固方法、相对位置和拆卸方法，并按钳工的基本操作方法进行，以免损坏模具零件。

6.1.2　拆卸时的注意事项

拆卸时应注意以下 6 点。

(1) 拆卸前，应先测量一些重要尺寸，如模具外形：长×宽×高。为了能把拆散的模具零件装配复原和便于画出装配图，在拆卸过程中，对于各类对称零件和安装方位易混淆的零件应做好标记和编号，以免安装时搞错方向。

(2) 拆卸过程中不准用锤头直接敲打模具，以防模具零件变形。需要打击时要用紫铜棒。拆出的零配件要分门别类，及时放入专门盛放零件的塑料盒中，以免丢失。

(3) 不可拆卸零件和不易拆卸零件，不要拆卸。如型芯(型腔)与固定板为过盈(紧)配合或有特殊要求的配合，不要强行拆出，否则难以复原。遇到困难要分析原因，并请教指导教师，不放过任何问题。

(4) 拆卸过程中要特别注意人身安全。另外，要注意拆下的动、定模座板和固定板等重量和外形较大的零件务必放置稳当，防止滑落、倾倒砸伤人而出现事故，特别是大型的塑料模具更要注意这一点。

(5) 遵守课堂纪律，服从教师的安排。

(6) 下课前整理工具和零件并打扫现场。

6.1.3 注射模具的拆卸顺序

注射模具拆卸与冲压模具拆卸一样应遵循一定的拆卸顺序和步骤。

1. 模具外部清理与观察

仔细清理模具外观的尘土及油渍，并仔细观察要拆卸的注射模具外观。记住各类零部件的结构特征及名称，明确它们的安装位置、安装方向(位)，明确各零部件的位置关系及其工作特点。

2. 放置模具

大、中型模具重量和体积较大，人无法搬动，必须采用吊车或手动葫芦起重，因此模具要竖直放置在等高垫铁或方木上，定模在上，动模在下，如图6-1所示。

小型模具重量较轻，不需要起重设备，模具应水平放置，如图6-2所示。

图6-1　大、中型模具拆卸前竖直放置

图6-2　小型模具拆卸前水平放置

3. 拆出模具锁板

在搬运和吊装模具时要防止动、定模自动分离而发生事故，可用锁板把动、定模固定在一起。首先拆出模具锁板和冷却水嘴，如图6-3所示。若是三板模且定距拉板(杆)、拉扣在模外的，先拆出定距拉板和拉扣，如图6-4所示。

图6-3　动、定模合模状态

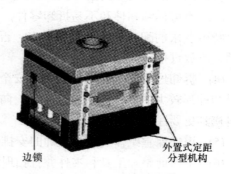

图6-4　拆出定距拉板

4．分开动、定模

分开大、中型模具时，定模在上，动模在下。在定模两侧吊装螺钉孔内装上适用的 2～4 个起重吊环，用钢丝绳吊起模具，不要吊得太高，离地 30～50 mm 即可，再用紫铜棒向模具分离方向(下)打击导柱附近的模板。分离一段，吊高一点，直至完全开模，如图 6-5 所示。在开模过程中，上下模板要平行，严禁在模具歪斜情况下猛打。

图 6-5　使用吊车分离动、定模

对于小型模具或没有起重设备的情况下，模具要水平放置在平整的厚钢板上，即如同模具在注塑机上的使用状态，如图 6-2 所示。用铜棒均匀打击动、定模板(导柱、导套附近的模板)，保证平行分开动、定模，避免倾斜开模而损坏导柱、导套和其他模具零件。

开模后的模具摆放如图 6-6 所示。

图 6-6　开模后动、定模摆放位置

5．动模部分的拆卸顺序

如图 6-7 所示，动模部分的拆卸顺序如下。

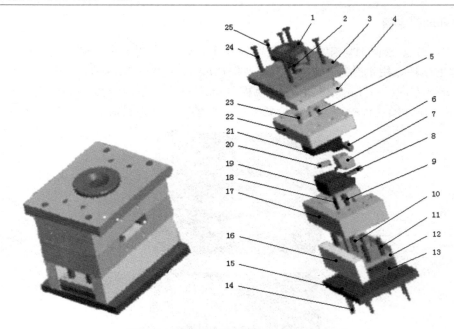

图 6-7 塑料模具结构三维结构与爆炸图

1—定位圈　2—浇口套(唧嘴)　3—定模座板　4—垫板　5—斜导柱　6—锁紧块(斜楔)　7—侧滑块(行位)

8—导滑块(压块)　9—滑块定位销　10—推杆(顶杆)　11—复位杆　12—推杆固定板　13—推板

14、23、24、25—内六角螺栓　15—动模座板　16—垫块(方铁)　17—动模板(B 板)　18—动模型芯镶件 I

19—动模型芯镶件 II　20—动模型芯镶件Ⅲ　21—定模型腔镶件　22—定模板(A 板)

(1) 有顶管顶出时，由于顶管内有型芯，应首先拆出尾部顶丝，取出顶管型芯。然后用内六角扳手卸下动模固定板紧固螺栓 14，由下模板底面向模芯方向打出全部销钉，拿走动模座板 15 和垫块(模脚)16。有支承板时拿走支承板，本套模具没有支承板。

(2) 拆卸推板上的紧固螺钉，拿走推板 13。

(3) 取出所有推杆 10、推管、复位杆 11、拉料杆，拿走推杆固定板 12。推杆、推管与推杆固定板用记号笔做好标记，以方便装配，避免装错而导致模具损坏。是推出板结构的，拆出限位螺钉或限位块，拿走推出板(本例没有推出板)。

(4) 是垂直分型面(哈夫块)结构的，要拆出限位螺钉或限位块，然后取出斜滑块、复位弹簧、斜导柱或导轨等零件。是侧抽芯结构的，要拆出限位块固定螺栓及导滑板(压块)螺钉、销钉，并取出限位块、导滑板、侧滑块、弹簧等零件。

(5) 若动模板 17 是镶拼结构，应首先检查有无冷却水管透过固定板安装在镶件上，若有应首先拆除冷却水管，然后拆出紧固型芯镶件的内六角螺栓，用平行垫铁垫起定模板两侧，垫铁尽量靠近镶件的外边缘，以减小受力力臂的长度。若镶件为通孔镶入，可直接用紫铜棒击打镶件。若镶件为沉孔镶入，可用废旧推杆插入镶件的螺钉孔内，推杆直径要小于螺纹孔内径，以避免损坏螺纹孔。用锤击打推杆进而打出镶件时，镶件各受力点要均匀，禁止在歪斜情况下强行打出，保证镶件和动模板完好不变形。

(6) 若导柱或导套与模板配合不是太紧，可用紫铜棒打出导柱或导套。

6. 定模部分的拆卸顺序

定模部分的拆卸顺序如下所述。

(1) 拆卸定位圈紧固螺栓 25，取出定位圈 1。

(2) 由于浇口套 2 与定模座板 3 通常采用过盈配合，在取出时极易把浇口套打得变形，因此，禁止用锤或钢棒直接击打浇口套，应选用直径合适且头部已加工平整的紫铜棒来作为冲击杆，使其对准浇口套的出胶部位，用锤或铜棒击打冲击杆，进而打出浇口套。

(3) 拆卸定模座板上的紧固螺栓 24 和销钉，拿走定模座板 3。是热流道结构的，要小心清除流道漏出的凝固塑料，然后把热流道系统从模具内拆除，避免损坏加热元件和温度传感器。

(4) 用铜棒打出导套或导柱。

(5) 拆卸定模板 22。若有侧抽芯结构，首先要用紫铜棒打出斜导柱 5。若型腔为镶拼结构，应首先拆出紧固型腔镶件的内六角螺栓 23，拆卸时用平行垫铁垫起固定板两侧，垫铁尽量靠近型腔镶件 21 的外边缘，以减小受力力臂的长度。若型腔镶件为通孔镶入，可直接用紫铜棒击打型腔镶件。若型腔镶件为沉孔镶入，可用废旧推杆插入型腔镶件螺纹孔内，废旧推杆的直径要小于螺纹孔内径，避免损坏螺纹孔，用锤击打推杆进而打出型腔镶件。拆卸时型腔镶件受力要均匀，禁止在歪斜情况下强行打出，以保证型腔镶件和定模板完好不变形。

压缩模、吹塑模、压注模等类型的模具可参照注射模的拆装顺序来进行，本章不再叙述。

6.2　草绘注射模零件

拆卸完模具后，草绘零件图时应分门别类测量，以保证配合零件的尺寸与公差相协调或一致。

(1) 用煤油或柴油，将拆卸下来的零件上的油污、轻微的铁锈或附着的其他杂质用毛刷擦拭干净，并按要求有序存放。

(2) 典型注射模的组成零件按用途可分为 3 类：成型零件、结构零件和导向零件。观察各类零部件的结构特征，并记住名称，贴好编号。

① 成型零件：型腔(凹模)、型芯(凸模)、螺纹型芯、螺纹型环等。

② 结构零件：动模座板、垫块、推板、推杆、复位杆、推杆固定板、动模板、定模板、定模座板、浇口套、定位圈等。

③ 导向零件：导柱及导套、锥面定位柱、锥面定位块，导轨、滑块等。

(3) 测量动模、定模各零件并绘制草图。组成模具的每种零件，除标准件外，都应画出草图，各关联零件之间的尺寸要协调一致。对于标准件，只要测量出其规格尺寸，查有关标准后列表记录即可。

草图绘制格式及标注内容参见 5.2 节，此处不再赘述。

6.3　注射模装配

注射模的装配顺序是按照拆卸的逆顺序进行的。装配前，先检查各类零件是否清洁，有无划伤等，如有划伤或毛刺(特别是成型零件)，应用油石油平整。

对于镶件孔、螺纹孔、销钉孔要用抹布擦拭干净。有配合的滑动部位安装时应涂适量润滑脂(黄油)或润滑油。

图 6-8 所示为一套三板模点浇口的模具三维结构图。

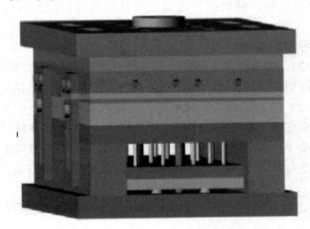

图 6-8　三板模点浇口的模具三维结构图

6.3.1　定模部分装配

装配定模部分时，应按下列步骤进行。

(1) 型腔与定模板之间冷却水道有密封圈时，应先装入密封圈，必要时更换密封圈。安装型腔镶件时为防止密封圈跳起或错位，可在密封圈的边缘处涂少量 502 胶水，然后用紫铜棒将型腔镶件打入到定模板内，装入螺钉并拧紧。

(2) 用紫铜棒将导套(导柱)打入到定模板内。有侧抽芯时，打入斜导柱。装入导套时，应注意原来拆卸时所做的记号，以免装错方位。

(3) 用紫铜棒将浇口套打入定模座板上，有定位防转动装置的，安装时要对准定位槽。浇口套开有流道槽的，安装时要与定模板(镶件)的流道槽对准。

(4) 用螺钉将定模板与定模座板紧固连接起来。

(5) 把定位圈用螺钉连接在定模座板上。

6.3.2　动模部分装配

装配动模部分时，应按下列步骤进行。

(1) 将动模型芯装入动模板内，型芯与动模板之间冷却水道有密封圈时，应先装入密封圈，安装过程同定模型腔部分。

(2) 把导柱(导套)等装入动模板，有侧抽芯结构的装入侧滑块、定位销、弹簧、限位块、导滑板等零件，滑动部位应涂适量润滑油，最后用销钉和内六角螺栓紧固导滑板。保证滑块与滑槽配合良好，用手轻推滑动灵活，无卡阻。

(3) 将支承板(垫板)、推杆固定板与动模板的基面对齐，把推杆、推管和复位杆穿入推杆固定板及定模板内。将推出系统的小导套装入推杆固定板上，合上推板，拧紧螺钉。装入推杆时，应注意标记，以防装错位置，造成重装或合模时顶坏模具型腔。推杆位置在生产中经常会装错，务必小心谨慎。

(4) 将两件垫块对正放入到动模板和动模座板之间。

(5) 合上动模座板，插入推板导柱。

(6) 把动模座板、垫块、支承板、动模板用螺钉紧固，大于 M8 的螺钉应用加力杆拧紧。

(7) 用铜棒打击推板，保证推出平稳、灵活无卡阻现象。然后底面朝下，平放模具，使推出系统能够自动复位，或轻打复位杆使其顺利复位。

6.3.3　动、定模合模及配件安装与检查

动模在下，定模在上，导柱、导套涂润滑油，按标记把动、定模合模，保证导柱导套顺滑无卡阻现象。在合模过程中，切记方向务必要正确，否则会压坏模具，这种由于操作人员的疏忽造成的事故在工作中是经常发生的。

1. 安装冷却水嘴

在冷却水嘴螺纹部位裹缠适量密封带(生料带)，用扳手装入动、定模板冷却水道螺纹孔内，保证密封可靠、不漏水。

2. 安装锁板及吊环

是三板模且定距拉板(杆)、拉扣在模外的，要装上定距拉板及拉扣。用螺钉和锁板把动、定模锁紧，装上吊环，确保在搬运和使用吊装过程中的安全。

3. 检查

检查装配后的模具与拆卸前是否一致，是否有装错或漏装现象，工作场所周围有无零件掉落。

6.4　注射模平面装配图的绘制

塑料模具装配图的作用、内容和画法与冲压模相似，详见 5.4 节，此处不再赘述。

在绘制模具装配图时，如果图纸幅面不够大，在一张图纸上画不下所有内容，那么制件图和明细表可另外画出。

图 6-9 所示为衬套制品注射模具的装配图，衬套材料为尼龙 6。如图 6-10 所示为衬套制品注射模的标题栏和明细表，该模具共由 25 种非标准零件和一些标准件组成。对于螺钉、销钉等标准件图中没有标出，非标准件都有序号、图号并绘有零件图。

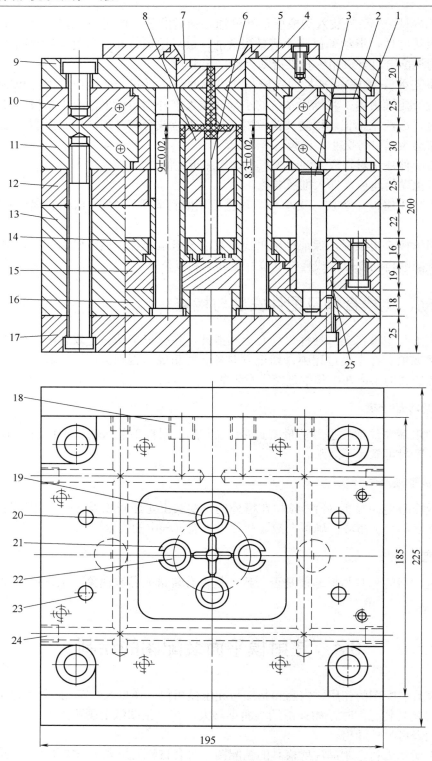

图 6-9　衬套制品注射模的装配图

塑件图 I

塑件图 II

技术要求

1. 塑件精度 MT4。

2. 模架规格：185×195。

3. 使用注塑设备：

XS-ZY-125。

25	M20－200－25	推板导套	T8A	2	50～55HRC
24	M20－200－24	螺塞	Q235	6+6	
23	M20－200－23	复位杆	T8A	4	50～55HRC
22	M20－200－22	型芯 II	738	2	40～45HRC
21	M20－200－21	推管 II	GCr15	2	50～55HRC
20	M20－200－20	推管 I	GCr15	2	50～55HRC
19	M20－200－19	型芯 I	738	2	40～45HRC
18	M20－200－18	水嘴	H62	4	
17	M20－200－17	动模座板	45	1	
16	M20－200－16	推管型芯固定板	45	1	
15	M20－200－15	推板	45	1	
14	M20－200－14	推杆固定板	45	1	
13	M20－200－13	垫块	45	2	
12	M20－200－12	支承板	45	1	
11	M20－200－11	动模板	45	1	
10	M20－200－10	定模板	45	1	
9	M20－200－09	定模座板	45	1	
8	M20－200－08	动模镶件	738	1	40～45HRC
7	M20－200－07	浇口套	T8A	1	50～55HRC
6	M20－200－06	拉料杆	GCr15		50～55HRC
5	M20－200－05	定模镶件	738	1	40～45HRC
4	M20－200－04	定位圈	45	1	
3	M20－200－03	推板导柱	T8A	2	54～58HRC
2	M20－200－02	导柱	T8A	4	54～58HRC
1	M20－200－01	导套	T8A	4	54～58HRC
序号	图　号	名　　称	材　料	数量	备　注

×××公司

衬套注射模装配图

标记	处数	分区	更改	签名	年 月 日			
设计1			标准化			阶段标记	质量	比例
设计2								1：1
审核								M20－200－00
工艺			批准			共26张	第1张	

图 6-10　衬套制品注射模的标题栏和明细表

6.5　由模具装配图拆画零件图

　　根据图 6-9 所示的衬套注射模具平面装配图和零件草图，拆画出每个零件的零件图，图形应放在图框中，并认真填写技术要求和标题栏。为节省页面，图例零件省略了图框，但绘图时不可省略，每个零件图均应放入图框内，如图 6-11～图 6-33 所示。

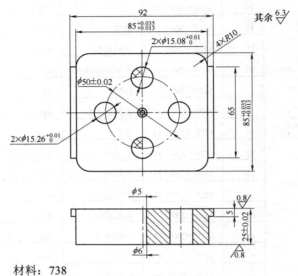

材料：738
热处理硬度：40～45HRC

图 6-11　定模镶件

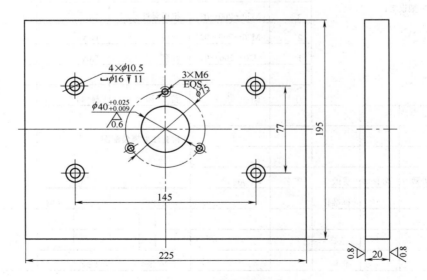

图 6-12　定模座板

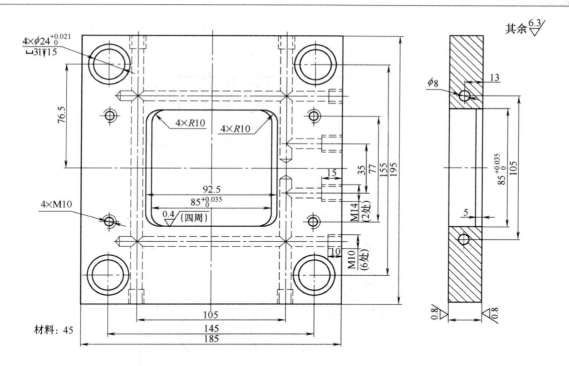

图 6-13　定模板

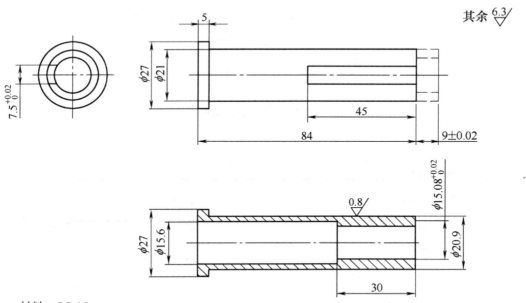

材料：GCr15
热处理：50～55HRC

图 6-14　推管 I

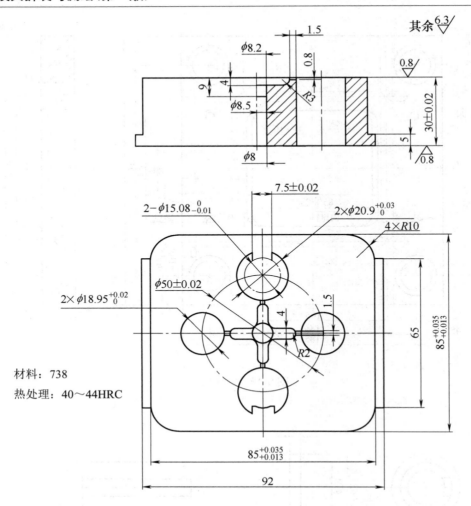

图 6-15　动模镶件

材料：738
热处理：40～44HRC

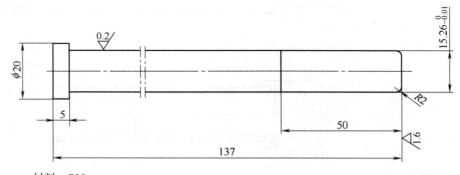

材料：738
热处理：40～44HRC

图 6-16　型芯 I

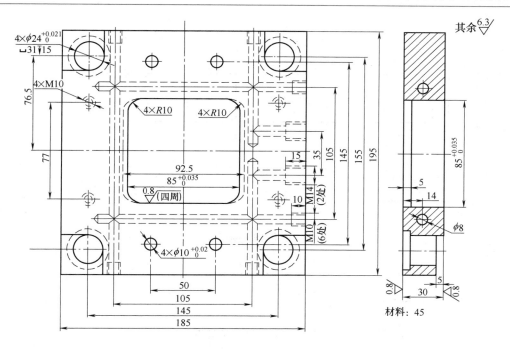

图 6-17　动模板

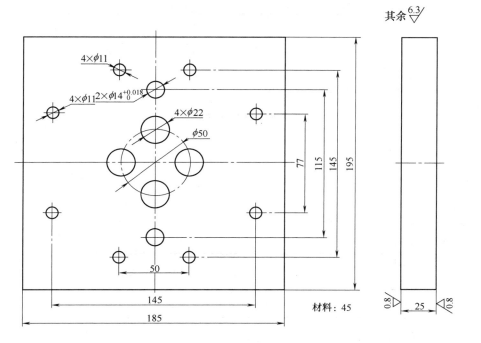

图 6-18　支承板

其余 6.3 ▽

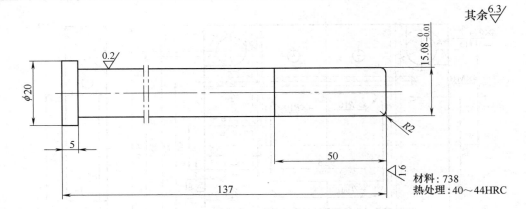

材料：738
热处理：40～44HRC

图 6-19　型芯Ⅱ

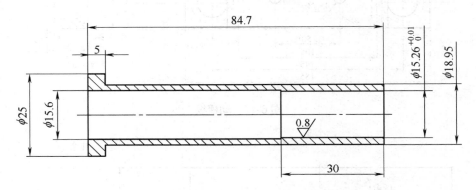

材料：GCr15
热处理：50～55HRC

图 6-20　推管Ⅱ

其余 6.3 ▽

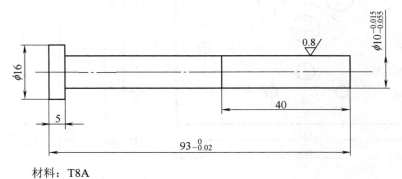

材料：T8A
热处理：50～55HRC

图 6-21　复位杆

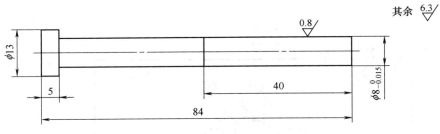

其余 6.3

材料：T8A

热处理：50～55HRC

图 6-22　拉料杆

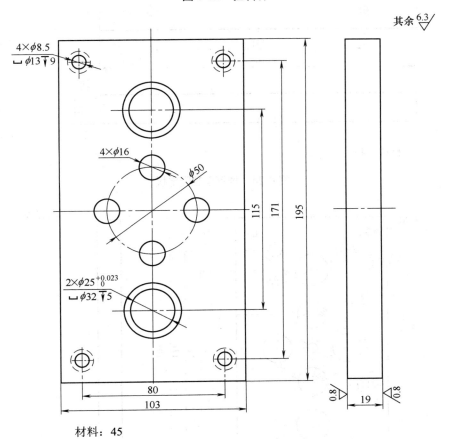

材料：45

图 6-23　推板

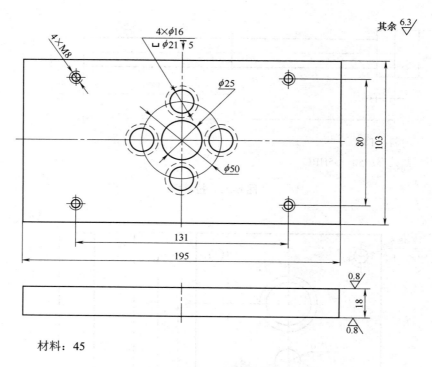

材料：45

图 6-24　推管型芯固定板

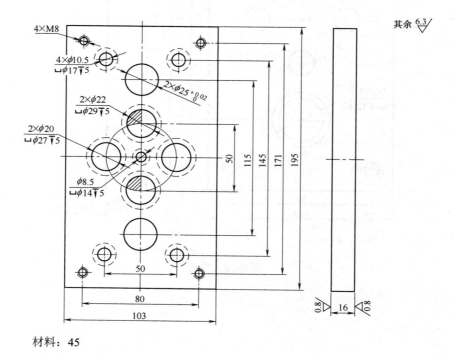

材料：45

图 6-25　推杆固定板

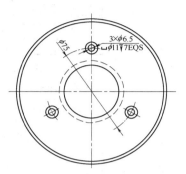

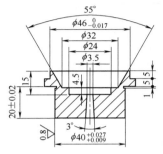

材料：T8A

热处理：50～55HRC

图 6-26　浇口套

材料：Q235

图 6-27　定位圈

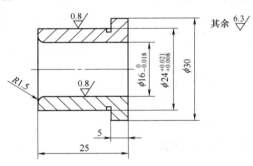

材料：T8A

热处理：50～55HRC

图 6-28　导套

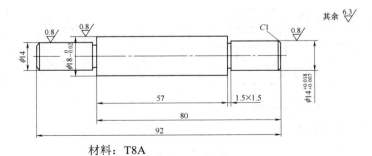

材料：T8A

热处理：50～55HRC

图 6-29　推板导柱

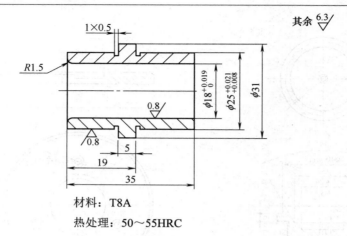

材料：T8A

热处理：50～55HRC

图 6-30　推板导套

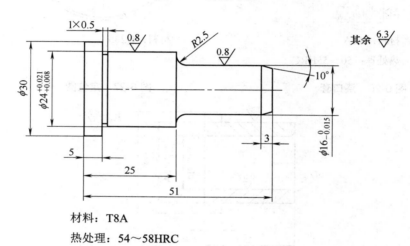

材料：T8A

热处理：54～58HRC

图 6-31　导柱

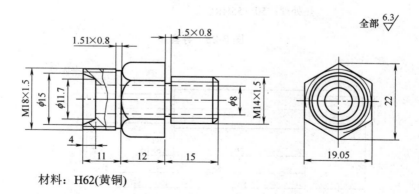

材料：H62(黄铜)

图 6-32　水嘴

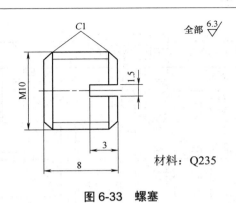

图 6-33 螺塞

本 章 小 结

本章通过对塑料注射模的拆卸、测绘、安装及模具装配图、零件图绘制等内容的讲解，可以使学生对塑料注射模有一个初步了解，并为今后学习专业课打下扎实的基础。通过本章的学习，学生能够独立对小型、简单的塑料模具进行拆装与测绘。

思考与练习

1. 填空题

(1) 塑料模具的种类很多，用量最大和最普遍的塑料模具是_____。

(2) 注射模具在拆卸前，应先_____一些重要尺寸，如模具外形：长×宽×高。拆卸过程中，各类_____零件及_____方位易混淆的零件应做好标记，以免安装时搞错方向。

(3) 拆卸过程中要特别_____。拆下的_____和固定板等重量和外形较大的零件务必放置_____，防止滑落、倾倒砸伤人而出现事故。

(4) 装配好模具后，_____装入冷却水嘴，再用螺栓和锁板把_____锁紧，装上吊环，确保在_____和使用吊装过程中的安全。最后检查装配后的模具与拆卸前是否一致，是否有_____现象，工作场所周围有无_____掉落。

2. 综合应用题

按要求绘制所拆装塑料模具的零件草图、平面装配图和零件图。

3. 分析题

简述如图 6-34～图 6-37 所示注射模的拆卸与装配顺序。

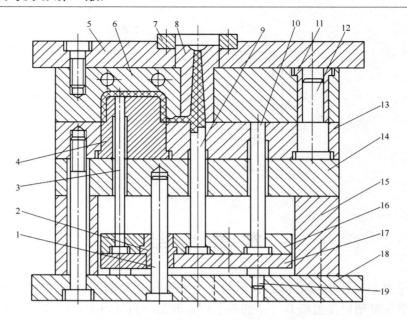

图 6-34 单分型面侧浇口注射模

1—推板导柱 2—推板导套 3—推杆 4—型芯 5—定模座板 6—定模板(A 板) 7—定位圈

8—浇口套 9—拉料杆 10—复位杆 11—导套 12—导柱 13—定模板(B 板) 14—支承板

15—垫块 16—推杆固定板 17—推板 18—动模座板 19—限位钉

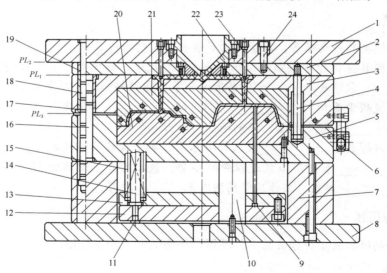

图 6-35 双分型面点浇口注射模

(PL₁ 为流道分型面，PL₃ 为主分型面，PL₂ 为分开面)

1—定模座板 2—流道推板 3—定模板(A 板) 4—定距拉杆 5—动模板(B 板) 6—拉扣组件

7—垫块 8—动模座板 9—推杆 10—支承柱 11—限位钉 12—推板 13—推杆固定板

14—复位杆 15—复位弹簧 16—导柱 17—导套 18—流道板导柱 19—流道板导套

20—型芯镶件 21—型腔镶件 22—浇口套 23—流道拉料杆 24—限位螺钉

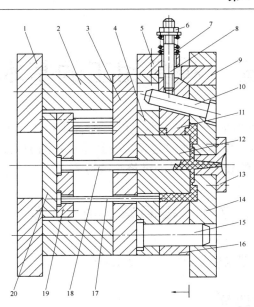

图 6-36　斜导柱侧向抽芯机构注射模

1—动模座板　2—垫块　3—支承板　4—动模板　5—限位板　6—螺母　7—弹簧　8—双头螺钉

9—锁紧块(斜楔)　10—斜导柱　11—侧滑块　12—型芯镶件　13—定位圈　14—定模座板

15—导柱　16—定模板　17—推杆　18—拉料杆　19—推杆固定板　20—推板

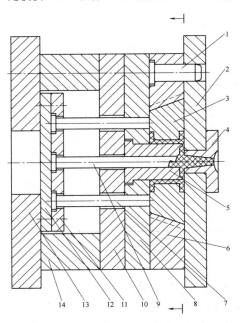

图 6-37　斜滑块(哈夫块)侧向抽芯注射模

1—导柱　2—定模座板　3—斜滑块　4—浇口套兼定位圈　5—型芯　6—模框

7—推杆兼复位杆　8—动模板　9—拉料杆　10—支承板　11—推杆固定板

12—推板　13—动模座板　14—垫块

第 7 章　模具钳工的基本操作

模具钳工以手工操作为主，工作内容很广，如各类钳工工具的使用、各类量具的使用、钳工常用设备的使用、模具零件的划线、模具零件孔的加工、模具零件的修配、模具零件的研磨与抛光、模具的装配、模具的维修与改造等。

7.1　模具零件的划线

模具零件划线工具、划线种类及作用参见 1.4 节。

7.1.1　划线基准的选择

在工件上划线时应从基准开始，确定工件的几何形状、位置的线或面称作划线基准。只有选择合适的基准，划线才能正确、方便和高效，因此，正确选择划线基准是划线的关键。

1. 选择基准的原则

选择基准的原则如表 7-1 所示。

表 7-1　选择基准的原则

序 号	基准选择根据	说 明
1	根据图样尺寸的标注	在零件图上总有一个或几个基准来标注起始尺寸。划线时可以在工件上选定与图样所标明的相应平面作为划线基准
2	根据毛坯形状	如果毛坯上有孔、凸起或毂面，应该以孔、凸起或毂面的中心作为基准。圆形工件通常以中心为基准
3	根据工件加工情况	如果毛坯上只有一个表面是已加工表面，则应以这个面作为基准。如果都是毛坯面，则以较平整的大平面作为基准

2. 选择基准的方法

确定划线基准时既要保证划线质量，提高划线效率，又要尽量保证划线基准与设计基准一致，以便在工件上直接量取尺寸，简化尺寸换算过程。工件余量足够时，为了方便划线，常选用较大和平直的面作为划线基准。选择基准的方法如表 7-2 所示。

表 7-2　选择基准的方法

序　号	基准形状	简　图	说　明
1	以两个互成直角的外表面(或线)为基准	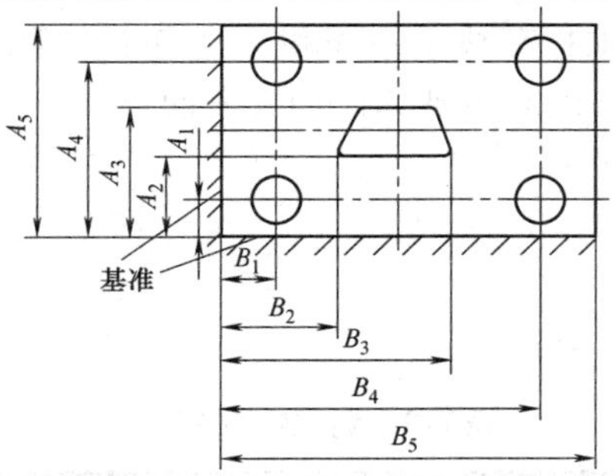	划线前先把两个外表面加工平整，使其互成 90°角，其他尺寸都以这两个平面为基准划出加工线
2	以两条中心线为基准	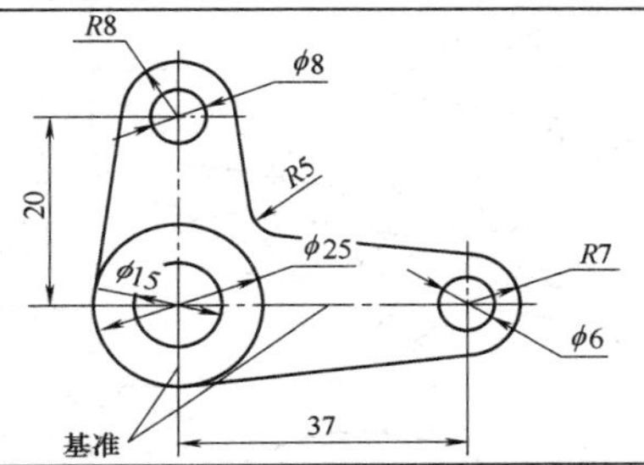	划线前先找出工件相对的两个位置，划出两条中心线，然后再根据中心线划出其他加工线
3	以一个外平面和一条中心线为基准	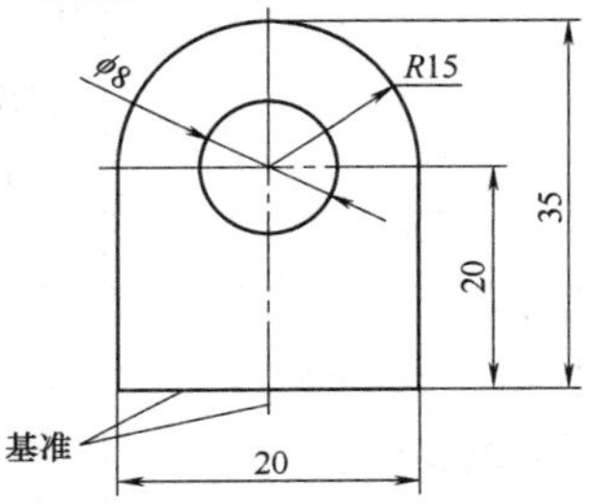	划线前先将底面加工平整，然后划出中心线，最后划其他加工线
4	以点为基准	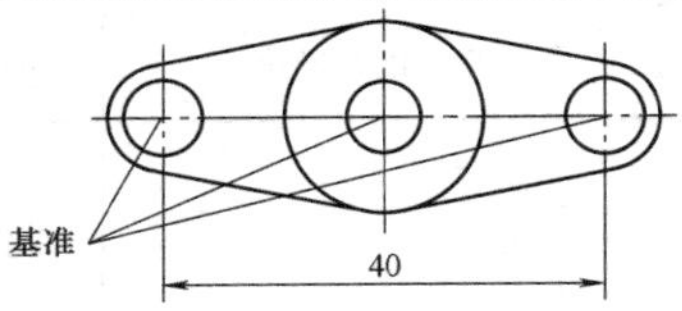	划线前先找出工件的中心点，然后以中心点为基准，划出其他各加工线

7.1.2　划线的步骤

　　划线工作实际是按照图样的要求，在工件上用直线或曲线组成各种几何图形。划线的步骤如下。

　　(1) 读懂图样，观察毛坯实物，选定划线基准并考虑下道工序的要求，确定加工余量和需要划出的线数。

　　(2) 检查毛坯是否合格，划线时是否需要借料。

　　(3) 工件要安放稳当，夹持牢固，防止划线过程中移动，造成前功尽弃。

　　(4) 为使线条清晰，在需要划线的表面涂上涂料。常用的有硫酸铜溶液或石灰水等，目前市面上有各种划线涂料销售。

(5) 先划水平线，再划竖直线、斜线，最后划圆、圆弧和曲线。

(6) 检查划线的正确性，是否有遗漏的线，用游标卡尺复核各尺寸是否和图样一致。

(7) 打样冲眼。样冲眼必须打在线条中间和交叉点上。毛坯表面和孔的中心要打得深一些，精加工表面不打样冲眼，以避免破坏已加工表面。

7.1.3 划线的方法

零件的划线方法如表 7-3 所示。

表 7-3 划线的方法

划线内容		图　示	划线方法
直线的划法			在工件表面需要的尺寸线处划出两端点，用钢尺及划针连接端点即成一条直线
平行线的划法	几何划法	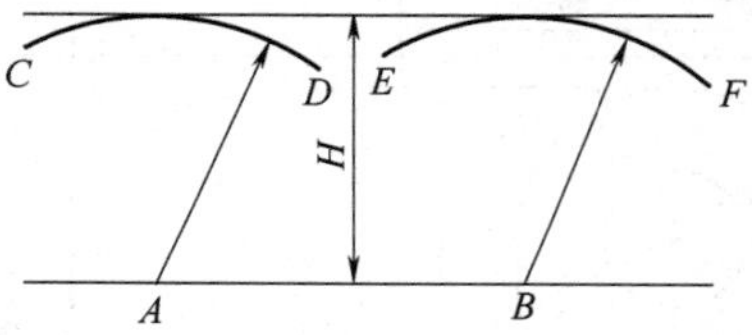	在划好的直线上取 A、B 两点，以 A、B 为圆心，用同样半径 R 划出两圆弧，用钢尺作为两圆弧的切线即可得到已知直线的平行线
	直角尺划线法	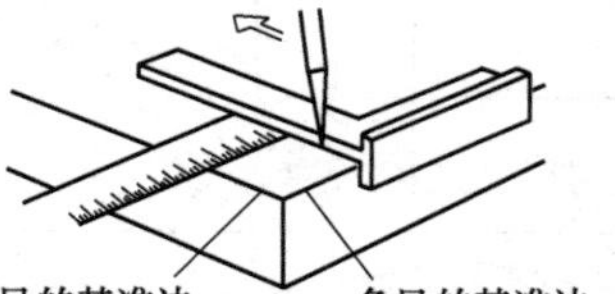	先用钢尺和划针划好需要的距离，再用角尺紧靠垂直面，对正划好的距离点，用划针划出平行线
垂直线的划法	划垂直平分线	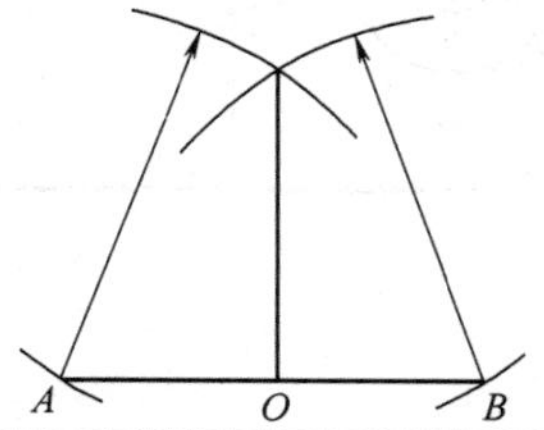	以线段两端点为圆心，用大于线段一半长度为半径分别划圆弧得到两个对称交点，连接交点即得到垂直线
	从线内一点作垂直线	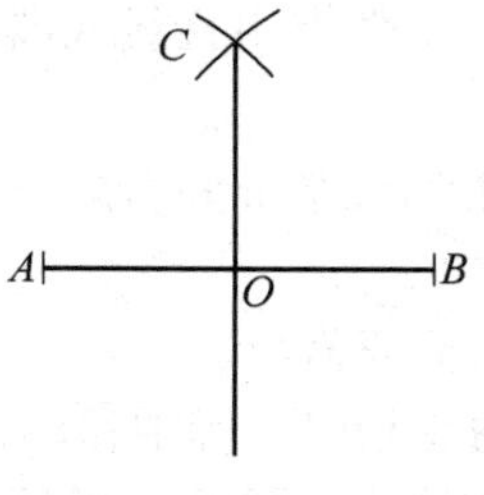	以直线上已知点 O 为圆心，用任意长为半径，划两个短弧与直线交于点 A、B，以 A、B 为圆心划弧得交点 C，连接点 C、O 即可得到已知直线的垂线

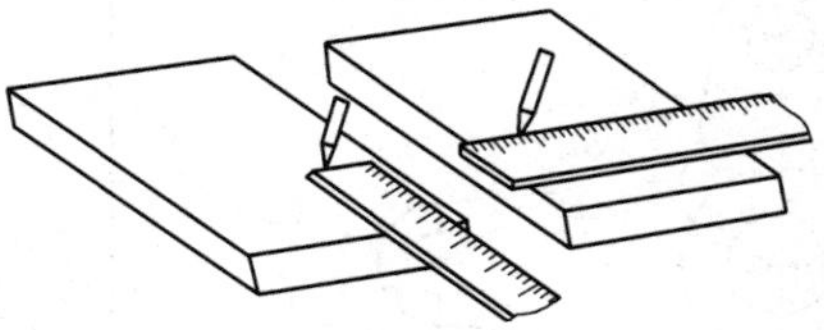

划线内容		图　示	划线方法
求圆心	用定心角尺求圆心		定心角尺是在直角尺的角平分线上铆一个直尺。使用时把角尺放在工件的端面上，使角尺内边和工件圆柱面相切，沿中间直尺划一条直线，然后转过一定角度再划一条直线，两直线的交点即为圆心
	用游标高度尺和 V 形铁配合求圆心		将工件放在 V 形槽内，把游标卡尺的卡角调整到工件上表面的高度，然后减去工件半径，划一条直线，工件翻转任意角度再划一条直线，交点即为圆心
圆弧连接	圆弧与角边相切		圆弧与锐角、直角、钝角相切时，可按平行线的划法以圆弧半径为距离，划角边的平行线，两平行线的交点就是圆心，再用划规划出相切的圆弧
	圆弧相切		先把相切的圆弧半径 R_1 和 R 及 R_2 和 R 相加求出其值，再分别以 O_1、O_2 为圆心划弧，找到圆弧 R 的中心，再用半径 R 划圆弧，R 两圆弧分别和 O_1、O_2 相切
等分圆周法			(1) 等分圆周时，可通过查表求出它的弦长，所求弦长就是圆周上各等分点间的直线距离。 弦长公式：$a = R \cdot K$ 式中：a——弦长；R——圆半径；K——系数。 (2) 用几何作图法等分圆周

利用分度头划线时请参考 1.6.9 节的内容。

7.1.4　平面划线

1. 平面上单型孔的划线

平面上单型孔的划线方法如表 7-4 所示。

表 7-4 平面上单型孔的划线方法

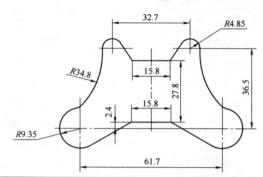

顺序	图形	划线说明
坯料准备		(1) 铣或刨成六面体，每边留余量 0.3～0.5 mm，坯料外形尺寸：81.4 mm×51.7 mm×42.5 mm。 (2) 用平面磨床将需要划线的平面和一对垂直基准面磨平。 (3) 去毛刺、倒棱、涂色
划直线		(1) 零件基准面放在平板上。 (2) 用游标高度尺测得实际高度 A。 (3) 以 A/2 划中心线。 (4) 计算各圆弧中心位置尺寸并画中心线，用钢板尺初步确定划线的横向位置。 (5) 划出 15.8 mm 线的两端位置
		(1) 以另一基准面放在平板上。 (2) 划 R9.75 mm 中心线，加放 0.3 mm 的余量。 (3) 计算各线的尺寸后划线
划圆弧		(1) 在圆弧十字线中心轻打样冲印。 (2) 用圆规划各圆弧线。 (3) R34.8 mm 圆弧中心在坯料之外，取用一个辅助块，用平口钳夹在工件侧面，求出圆心后划弧
连接斜线		用钢板尺、划针连接各斜线

2. 平面上多型孔的划线

平面上多型孔的划线，多用于冲压级进模具和多凸模具的冲裁模，如凹模、凸模固定板、卸料板等零件的工艺孔加工。

型孔为圆孔时划线比较简单，型孔为非圆孔时划线比较复杂。表 7-5 所示为多型孔及非圆孔的划线方法。

表 7-5 级进模凹模多型孔的划线方法

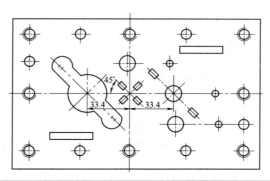

划线顺序	图 形	划线说明
坯料准备	—	铣(刨)六面体，留适当余量，上下底面磨平
划十字中心线	—	以凹模块的一对垂直面为划线基准，划出十字中心线及各螺孔、销孔中心线
划侧刃型孔	—	以垂直的基准面为基准，划出两个定距侧刃孔以及上、下两侧的 4 个圆形孔的十字中心线
划斜线	—	通过模块十字中心线交点，用万能角度尺划出 45°角斜线
划平行于 45°线的各条直线		将凹模块放在 V 形槽中，用游标高度尺校平 45°斜线。用游标高度尺测得基准面至 O 点的距离 H_f，根据 H_f 计算出各部分尺寸，划出平行于 45°线的各条直线。尺寸 $P=33.4×\cos45°\text{mm} =23.61\text{mm}$
划孔中心线		将凹模块转 90°放在 V 形槽中，用 90°角尺校正 45°斜线垂直度误差，测得尺寸 H_2，计算各尺寸，划出各条线
成型		连接各圆弧，直线成型

表 7-5 所示的划线方法用于普通机械加工，若用线切割加工，异型孔的轮廓线则不必划出，只需划出工艺穿丝孔，钳工钻各工艺孔、螺纹底孔等。

7.2　模具零件的钻孔、扩孔、铰孔、锪孔

模具零件上有各种各样的孔，为提高加工效率，对位置度要求不高的圆形孔都是采用钻孔、扩孔、铰孔、锪孔而制得。

7.2.1　模具零件钻孔加工

钻孔是工件不动，钻头转动和进给，在工件上加工出圆孔。表 7-6 给出了钻孔、铰孔、锪孔的概念。

表 7-6　钻孔、铰孔、锪孔的概念

加工方式	图　形	说　明
钻孔	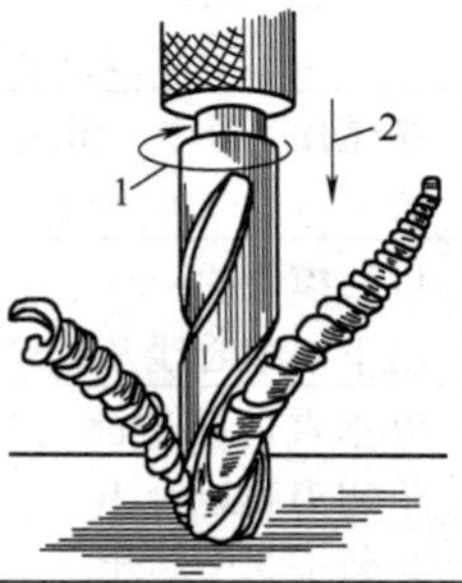	用钻头在实心材料上钻出圆孔
铰孔	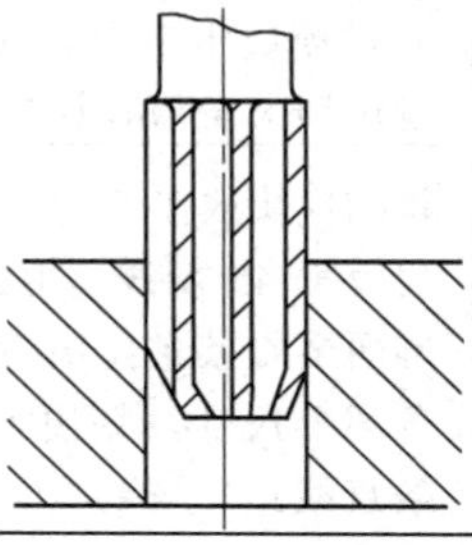	用铰刀对已有的孔进行精加工，降低表面粗糙度值，提高尺寸精度
锪孔	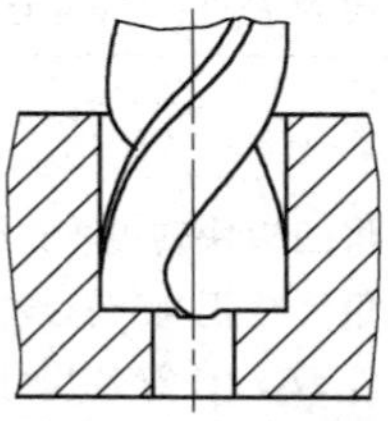	用锪钻把已有的孔扩大或在孔的端面锪平，加工成喇叭口孔或台阶孔

1. 钻头

钻头又称麻花钻头，由高速钢材料制成；形式有直柄和锥柄，头部用于切削，尾部用于装夹和传力。如图 7-1 所示为麻花钻的各部分名称，如图 7-2 所示为麻花钻头的主要角度和几何形状。

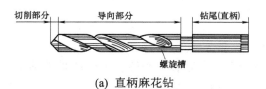

(a) 直柄麻花钻

(b) 锥柄麻花钻

图 7-1　麻花钻头

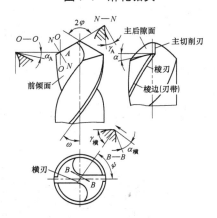

图 7-2　麻花钻头的主要角度和几何形状

　　根据所加工材料的不同，麻花钻头的工作部分需要刃磨出不同的角度才可进行加工。麻花钻头的主要角度与几何形状同所加工材料的关系如表 7-7 所示。

表 7-7　麻花钻头加工不同材料的几何参数

加工材料	顶角 2φ /°	后角 α /°	横刃斜角 ψ /°	螺旋槽斜角 ω /°
一般材料	116～118	12～15	45～55	20～32
一般硬材料	90～123	0～9	25～35	20～32
铝合金(通孔)	90～120	12	35～45	10～30
铝合金(深孔)	118～130	12	35～45	10～30
黄铜、青铜	118	12～15	35～45	20～32
硬青铜	118	5～7	25～35	20～32
软铸铁	90～118	12～15	30～45	20～32
硬铸铁	118～135	5～7	25～35	20～32
淬火钢	118～125	12～15	35～45	20～32
铸钢	118	12～15	35～45	20～32
锰钢	150	10	25～35	20～32
高速钢	135	5～7	25～35	20～32
镍钢	130～150	5～7	25～35	20～32
木料	70	12	35～45	30～40
硬橡胶	60～90	12～15	35～45	10～20

2. 钻头的刃磨

1) 刃磨钻头的目的

在钻孔切削过程中,钻头逐渐被磨损变钝。刃磨就是把钻头已磨损的切削刃恢复成正确的几何形状,以保持良好的切削性能。

2) 刃磨部分的尺寸和要求

(1) 顶角大小应视被加工材料的性质而定。顶角过大,钻孔易歪斜,既耗动力,切削效率又低;如果顶角过小,切削刃强度就不够,钻头容易磨损或崩裂。因此,对于初学者,刃磨时尽量用样板检验。

(2) 主切削刃的长度应相等并成直线。两个主切削刃和钻头中心轴线组成的两个夹角必须相等,否则会出现单刃切削,造成钻头剧烈摆动,钻出的孔大于规定直径,而且钻头容易折断。

(3) 横刃斜角一般为 $45°\sim55°$。

3) 手工刃磨钻头的方法

刃磨钻头时,顶角、后角和横刃斜角是同时磨出来的,如图 7-3 所示。

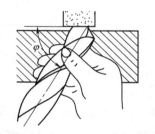

(a) 磨后角时钻头与砂轮的角度 (b) 刃磨时钻头上下摆动的角度与用力情况

图 7-3 麻花钻的刃磨方法

(1) 刃磨前应先检查砂轮,发现砂轮表面不平或剧烈跳动,应修整砂轮,保证钻头的刃磨质量。

(2) 操作者站在砂轮左边,用一只手握住钻柄,钻心放在另一只手上,用握钻心的手靠在砂轮隔架上以支承钻身。钻头和砂轮成 $50°\sim55°$ 的斜角。刃磨时,钻尾不能高出水平面,否则磨出负后角,钻头就难以钻入工件了。

(3) 钻头的主切削刃应在水平方向上摆平,钻尾做上下运动的同时,应使钻头沿轴线作微量的转动。

(4) 刃磨时要经常把钻头浸入冷却液中冷却,防止切削刃过热而退火。

(5) 钻头刃磨完毕,仔细检查两个主切削刃是否对称,初学者需用标准样板检查钻头的角度是否合适。

3. 钻头的装夹

钻头的装夹方法按柄部形状的不同而异。锥柄钻头可以直接插入钻床主轴孔内,较小的钻头可用过渡套筒安装,如图 7-4 所示。直柄钻头一般用钻夹头装夹,如图 7-5 所示。

钻夹头或过渡套筒的拆卸方法:将楔铁小头插入钻床主轴侧边的孔内,左手握住钻夹头，右手用锤子敲击楔铁即可卸下钻夹头，如图 7-6 所示。

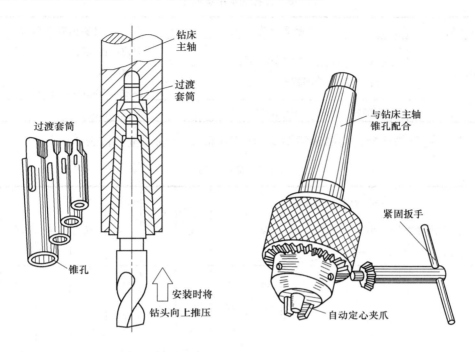

图 7-4　锥柄钻头的安装　　　　图 7-5　安装直柄钻头用的钻夹头

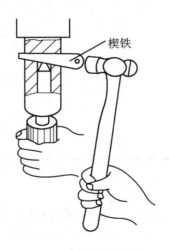

图 7-6　拆卸钻夹头或锥柄钻头

4. 钻孔的切削用量

钻孔通常在钻床上进行，对孔的深度要求较高时可在铣床上钻孔。钻床有台钻、立钻和摇臂钻床。在钻床上钻孔，工件固定不动，钻头作切削运动和进刀运动。

(1) 钻孔切削用量的概念如表 7-8 所示。

表 7-8　钻孔切削用量的概念

项　目	基本概念	计算公式与单位
切削速度 v	钻孔时钻头切削刃上离中心最远的一点，在一分钟内所走的路程	单位：m/min 计算公式： $v=\pi Dn/1000$ (m/mim)
进给量 s	钻头每转一周时向下移动的距离	单位：mm/r

(2)　切削用量的选择。用高速钢钻头加工碳钢时，切削用量可按表 7-9 来选择。

表 7-9　切削用量

进给量/mm·r⁻¹ ＼ 切削速度/m·min⁻¹ ＼ 钻头直径/mm	2	4	6	10	14	20	24	30	40
0.05	46	—	—	—	—	—	—	—	—
0.10	16	42	49	—	—	—	—	—	—
0.15	—	33	36	38	—	—	—	—	—
0.20	—	1	28	33	38	—	—	—	—
0.25	—	—	—	30	34	35	37	—	—
0.30	—	—	—	27	31	31	34	33	—
0.35	—	—	—	—	28	29	31	30	—
0.40	—	—	—	—	26	27	29	29	30
0.50	—	—	—	—	—	—	26	26	26
0.60	—	—	—	—	—	—	—	24	24
0.70	—	—	—	—	—	—	—	—	23

5. 钻孔时工件的装夹

钻孔中的事故大都是由工件的夹持方法错误造成的，需引起高度重视。

(1)　小件和薄壁零件钻孔需用手虎钳夹持工件，如图 7-7 所示。

(2)　中等零件用平口钳夹持，如图 7-8 所示。

(3)　大型或其他不适合用平口钳夹持的零件，可用压板、螺栓直接装夹在钻床的工作台上，如图 7-9 所示。

(4)　在圆柱或套筒上钻孔，需要把工件压在 V 形铁上钻孔，如图 7-10 所示。

(5)　成批或大量零件钻孔时，广泛应用钻模夹具，如图 7-11 所示。

6. 钻头的冷却

钻孔时钻头必须得到冷却，防止过热退火，降低使用寿命。常用的冷却液如表 7-10 所示。

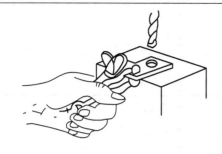

图 7-7　用手虎钳夹持工件

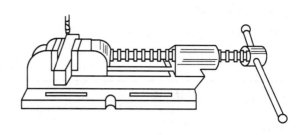

图 7-8　用平口钳夹持工件

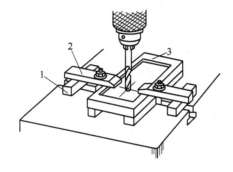

图 7-9　用压板、螺栓装夹工件

1—垫铁　2—压板　3—工件

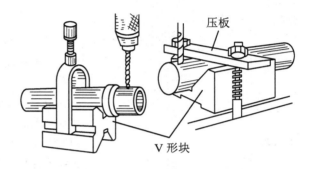

图 7-10　圆形工件的夹持方法

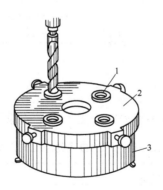

图 7-11　用钻模钻孔

1—钻套　2—钻模板　3—工件

表 7-10　冷却液的选择

被加工材料	所用冷却液
碳钢、铸钢、可锻铸铁	乳化液
合金钢	硫化油
铸铁	干钻或乳化液
黄铜及青铜、铝	干钻或乳化液
硬橡胶、电木	干钻

7. 钻孔的方法

模具零件上常钻的孔有通孔、盲孔、半圆孔、斜孔等。钻孔的方法如表 7-11 所示。

表 7-11　钻孔的方法

项　目	简　图	加工说明
钻孔前的准备工作	衬料　工件	(1) 钻孔前应划线，打样冲眼，划圆圈线。 (2) 准备好工装夹具，检查钻床，工件和刀具要安装牢固。 (3) 选择切削量和冷却液。 (4) 试车正常后开始钻孔，严禁戴手套操作
钻半圆孔		把两个需要钻半圆孔的工件合起来，或者用同样材料与工件对合在一起，在结合处钻孔
在平面上钻孔	錾出平面 (a) 钻孔 (b)	(1) 试钻浅坑，查看钻头是否对正，如发现钻偏，应及时纠正。 (2) 开启冷却系统钻孔。 (3) 当材料较硬或钻深孔时，要经常把钻头退出孔外排除切屑，以防钻头卡死而折断。 (4) 孔即将钻透时减少进给量，慢慢钻穿。 (5) 钻孔直径大于 30 mm 时，先用小直径钻头钻孔，然后再扩孔达到所需的尺寸要求
在斜面上钻孔		先在钻孔斜面上用机械削平或錾平、抛平，使钻头垂直于钻孔平面，然后再钻孔

8. 钻孔产生的废品与预防

由于钻头刃磨不良、切削用量选择不当、钻头或工件装夹不合适、钻头受力过大、工件太硬等都会使钻孔出现废品或不合格。产生不合格的原因及预防措施如表 7-12 所示。

表 7-12　钻孔产生废品的原因与预防措施

废品形式	产生原因	预防措施
孔成多角形	(1) 钻头后角太大。 (2) 两切削刃一长一短，角度不对称	正确刃磨钻头
孔径比规定尺寸大	(1) 钻头刃磨不正确。 (2) 钻头摆动。 (3) 钻头选择不合适	(1) 正确刃磨钻头。 (2) 夹紧钻头和工件，消除摆动。 (3) 选择合适的钻头
孔壁粗糙	(1) 钻头不锋利。 (2) 后角太大。 (3) 进给量太大。 (4) 冷却不足，润滑差	(1) 经常刃磨钻头，保持锋利。 (2) 减小钻头后角。 (3) 减少进给量。 (4) 加强冷却，更换优质的冷却液

续表

废品形式	产生原因	预防措施
孔的位置偏移 或歪斜	(1) 钻孔表面与钻头不垂直。 (2) 钻头横刃太长。 (3) 钻床主轴与工作台不垂直。 (4) 进给量太大。 (5) 工件装夹不牢	(1) 正确装夹工件与钻头，钻孔表面为斜面时，应先加工出垂直平面。 (2) 磨短钻头槽刃。 (3) 调整钻床与工作台垂直。 (4) 减少进给量，不要钻得太快。 (5) 夹牢工件

孔钻偏时可用样冲重新冲孔纠正，也可用錾子錾出几条槽来进行纠正，如图 7-12 所示。

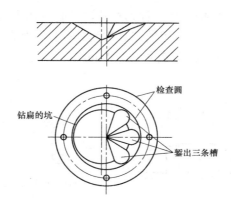

图 7-12　钻孔钻偏时錾槽校正

9. 钻头折断的原因及预防

钻头折断的原因及预防措施如表 7-13 所示。

表 7-13　钻头折断的原因及预防措施

钻头损坏形式	损坏原因	预防措施
钻头工作部位 折断	(1) 钻头不锋利。 (2) 进给量太大。 (3) 突然加大进给量。 (4) 废屑堵塞钻头。 (5) 工件松动	(1) 刃磨钻头，保持锋利。 (2) 减少进给量。 (3) 保持进给量稳定，孔快钻透时，减少进给量。 (4) 经常退出钻头，及时排出切屑。 (5) 夹紧工件，防止松动
钻头切削刃很 快被磨损	(1) 切削速度过快。 (2) 钻头刃磨角度与工件硬度不相适应	(1) 降低切削速度。 (2) 根据工件硬度，刃磨钻头至合适角度

10. 钻孔的安全技术与注意事项

(1) 钻孔前要做好准备工作。检查工作场地，清除机床附近的障碍物，检查机床润滑及防护装置。

(2) 钻孔时操作者衣袖要扎紧，戴好工作帽，但严禁戴手套，操作者的头部不要离钻头太近。

(3) 工件要夹紧，尽量不要用手按住工件，尤其是初学者，以防发生危险。

(4) 清除切屑时要用毛刷或专用工具，不要用棉纱、布片，更不允许用嘴吹、用手去清除，以免发生伤害事故。

(5) 禁止钻孔时用手拧钻夹头，变速时应先停机再变速。

(6) 工件下面应放垫铁，以防钻伤工作台面。

(7) 使用手电钻时，要防止触电。

7.2.2　模具零件扩孔加工

用扩孔钻对已钻出的孔作扩大加工称为扩孔，扩孔可作为终加工，也可作为铰孔前的预加工，如图 7-13(b)所示。扩孔所用的刀具称为扩孔钻，如图 7-13(a)所示。扩孔尺寸精度等级可达 IT9～IT10，表面粗糙度 R_a 可达 3.2 μm。

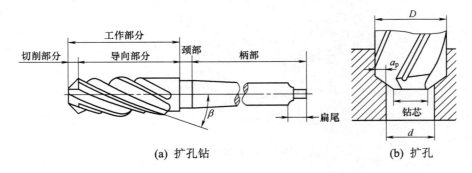

(a) 扩孔钻　　　　　　　　(b) 扩孔

图 7-13　扩孔钻与扩孔

7.2.3　模具零件铰孔加工

为降低孔的表面粗糙度和提高孔的加工精度，用铰刀对孔进行精加工的过程称为铰孔。铰孔有粗铰和精铰，在模具加工中应用普遍。因此，熟练的铰孔操作是模具钳工必备的技能之一。

1. 铰孔的应用

在模具制造中，一些成型零件的成型孔、圆柱销孔、注射模具顶杆孔、浇口套主流道孔、小导柱及小导套固定孔等，其精度和表面粗糙度要求高，大部分是用铰刀铰孔加工，加工效率很高，极大缩短生产周期、降低生产成本。

铰孔的精度可达 IT7～IT8 级，表面粗糙度 R_a 达到 3.2～0.2 μm。

2. 铰刀

1)　铰刀的分类

铰刀按使用情况分为手用铰刀和机用铰刀。按铰孔形状分为直铰刀和锥度铰刀。

手用铰刀为直柄，工作刃部较长，如图 7-14(a)所示。

机用铰刀可装在钻床、铣床(或数铣)、车床、镗床上铰孔。直柄机用铰刀的直径在

20 mm 以下，如图 7-14(b)所示；锥柄机用铰刀的直径在 6 mm 以上，如图 7-14(c)所示。

锥度铰刀有 1∶20、1∶50 等几种规格，常用的 1∶50 锥度铰刀用于铰削模具锥度定位销的锥度孔，其尺寸规格按铰刀的小头直径标称，如图 7-14(d)所示。

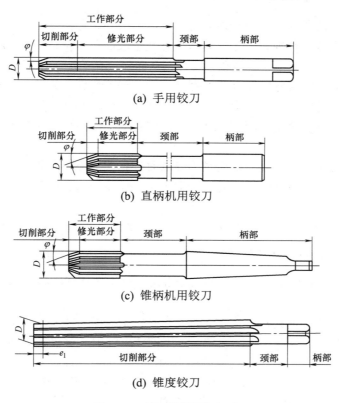

(a) 手用铰刀

(b) 直柄机用铰刀

(c) 锥柄机用铰刀

(d) 锥度铰刀

图 7-14　铰刀的类型与组成

2)　铰刀各部分的组成

铰刀由柄部和工作部分组成，柄部起着装夹和传力的作用。工作部分由切削部分和修光部分组成。切削部分成锥形，担负着切削工作；修光部分起着导向和修光的作用。铰刀有 6～12 个切削刃，由于切削量较小，齿数较多，因此每个刀刃的切削负荷较轻。

3. 铰孔余量的确定

铰孔前工件应经过钻孔、扩孔(镗孔)等加工，并留出合适的铰削加工余量。正确选择铰削余量是铰孔工作中的重要环节，余量太小，难以铰除上道工序的刀痕，影响表面粗糙度和精度，甚至铰不到上一工序所钻的孔；余量太大，铰孔时间长，刀具易磨损甚至损坏，表面质量会降低。如表 7-14 所示为铰孔余量的经验值。

表 7-14　铰孔余量选择　　　　　　　　　　　　　　　　mm

孔的公称直径	8～30	31～50	51～70
加工余量	0.1～0.2	0.30	0.30～0.40

注：本表只适于钢材与黄铜，铸铁材料可加大30%左右。

4. 铰直孔的操作方法与注意事项

(1) 铰削韧性材料(钢材)或铰不通孔时，用短切削刃的铰刀；铰脆性材料或铰通孔时，用长切削刃的铰刀。

(2) 手用铰刀铰孔时，铰刀必须与孔垂直，两手均匀地向下施压，顺时针方向旋转铰刀，不允许反向旋转，否则刀刃会快速磨钝且孔壁表面质量降低。机用铰刀铰孔时，最好在工件的一次装夹中连续钻孔、锪孔、铰孔，从而保证孔的加工精度。

(3) 铰孔时用力要均匀，进给量要适当，同时合理选用润滑液(通常用机油)。

(4) 在铰孔的过程中，要经常清除废屑。如果铰刀不旋转，说明废屑卡住铰刀或遇到金属材料硬点，此时应把铰刀小心旋出，清除废屑。遇到硬点时要减少进给量并降低转速，慢慢把孔铰完。

(5) 无论手用还是机用铰刀退出时均要顺时针退出，不可倒转。在机床上铰孔时，待铰刀退出孔后再停车；铰通孔完毕时，铰刀刃部不能全部突出孔外，否则被铰孔出口处会破坏，铰刀也较难退出。

(6) 铰刀是精加工刀具，用毕应擦拭干净，涂油收好，防止碰伤刀刃。

5. 铰削圆锥孔的操作步骤与方法

在模具使用的盲孔销钉或难以拆卸的场合常用 1∶50 锥度销钉，其优点是便于拆卸，但定位精度不如圆柱销钉。

铰削直径较小的锥销孔，可按小头直径钻孔；对于直径大而深的锥销孔，先分别用不同的钻头钻出阶梯孔，以减小铰削余量，再用锥铰刀铰削，可极大提高铰削效率。

在铰削的最后阶段，要注意经常用标准圆锥销试配，试配之前要将销孔擦拭干净，以防将孔铰大。销孔铰好后把圆锥销放进孔内用手指压紧，其头部应高于工件平面 3～5 mm，然后用铜锤轻轻敲紧，装好后锥销头部略高于工件平面。当工件平面与其他零件接触时，锥销头部应低于工件平面，如图 7-15 所示。

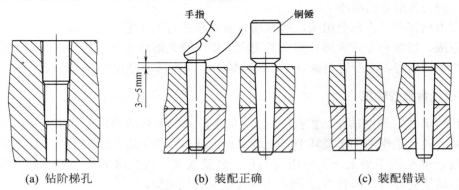

(a) 钻阶梯孔   (b) 装配正确   (c) 装配错误

图 7-15　圆锥销孔的铰削与检验、装配

实例 1 铰 ϕ 30 mm 的孔，精度为 IT7 级，确定加工工序与方法。

图 7-16 所示，先用 ϕ 28 mm 的钻头钻孔，再用 ϕ 29.6 mm 的钻头扩孔，接着用 ϕ 29.9 mm 的粗铰刀铰孔，最后用 ϕ 30 mm 的精铰刀铰孔。

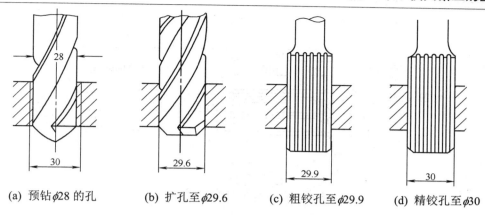

(a) 预钻 φ28 的孔　　(b) 扩孔至 φ29.6　　(c) 粗铰孔至 φ29.9　　(d) 精铰孔至 φ30

图 7-16　铰孔的加工工序与方法

6. 铰孔废品的产生与预防

铰孔时由于铰刀质量、铰削用量、操作疏忽、润滑不当等原因很容易产生废品，造成不必要的浪费。表 7-15 列出了铰孔产生废品的原因及预防措施。

表 7-15　铰孔产生废品的原因及预防措施

表面粗糙度	产生原因	预防措施
表面粗糙度 达不到要求	(1) 铰孔余量太大或太小。 (2) 铰刀切削刃不锋利。 (3) 润滑液使用不当。 (4) 铰刀退出时反转。 (5) 切削速度太高	(1) 铰孔余量合理。 (2) 修磨切削刃或更换铰刀。 (3) 选择适宜的润滑液。 (4) 铰刀退出时应顺转。 (5) 降低切削速度
孔成多角形	(1) 铰削量太大，铰刀振动。 (2) 铰孔前钻孔不圆	(1) 分 2～3 次铰孔。 (2) 铰孔前先锪孔
孔径扩张	(1) 铰刀与孔中心不重合。 (2) 铰孔时两手用力不均。 (3) 铰孔时没有润滑。 (4) 铰锥孔没有用锥销检查	(1) 采用浮动夹头铰孔。 (2) 两手用力要均衡。 (3) 使用润滑液。 (4) 配合锥销检查
孔径缩小	(1) 铰刀破损。 (2) 铰刀刃不锋利	(1) 更换新铰刀。 (2) 研磨铰刀切削刃

实例 2　材料为 45 号钢，铰孔直径 ϕ 为 20 mm，深度为 50 mm，加工表面粗糙度 R_a 为 0.4 μm。钻铰均在摇臂钻床上进行，钻床主轴径向圆跳动不得超过 0.03 mm，铰刀刃倾角 $\lambda = -15°$，如图 7-17 所示。试确定加工步骤。

具体操作步骤如下。

(1) 钻 ϕ 18 mm 的孔，钻床转速 $n=400\sim500$ r/min，进给量 $f=0.35\sim0.45$ mm/r。

(2) 扩孔至 ϕ 19.8 mm，转速 $n=500$ r/min，进给量 $f=0.5$ mm/r。

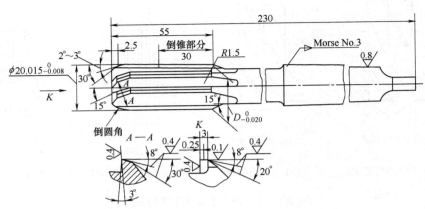

图 7-17 -15°刃倾角机用铰刀

(3) 铰孔 $\phi20^{+0.023}_{0}$，铰孔转速 $n=100$ r/min，进给量 $f=0.8$ mm/r。

钻孔时用 10%的乳化油水溶液作为切削液，铰孔时用硫化油作为切削液。

7.2.4 模具零件锪孔加工

锪孔是对孔口部分的加工，如倒角加工、沉孔加工、孔口端面加工等，在模具制作中被广泛应用。

1. 锪孔的种类及操作方法

锪孔的种类及操作方法如表 7-16 所示。

表 7-16 锪孔的种类及操作方法

序 号	锪孔的种类	图 示	说 明	应用范围
1	扩孔锪钻		将已有的孔扩大	适用于模具销孔精度较高的情况
2	圆锥形埋头锪钻		锪钻的顶角为 60°、70°、90°、120°，刀齿为 6～12 个	用来锪螺钉或铆钉锥形孔
3	圆柱形埋头锪钻		锪钻的切削部分前端带有导柱，用来保证埋头孔与原孔同心	用来锪圆柱形埋头孔

序　号	锪孔的种类	图　示	说　明	应用范围
4	端面锪钻	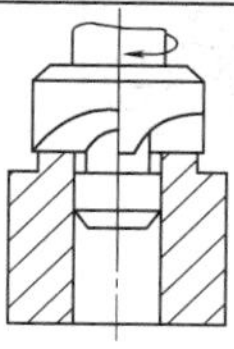	在端面上有切削刃	锪与原孔垂直的平面

2. 锪孔的工艺要求

(1) 锪孔的切削速度应为钻孔时的 1/2～1/3，不要太快。

(2) 锪孔一般为手动进刀。

(3) 锪孔深度通常用游标卡尺深度杆测量。

(4) 钻孔留给锪孔的加工余量如表 7-17 所示。

表 7-17　钻孔留给锪孔的加工余量

锪孔直径	15～24	25～35	36～44	45～55
锪孔余量	1.0	1.5	2.0	2.5

7.3　模具零件的攻螺纹与套螺纹

用丝锥加工螺纹孔的方法称为攻螺纹。攻螺纹的主要工具为丝锥，非标准或大尺寸内螺纹用车床或专机加工。在模具制造中，大多数是钳工先钻好底孔，再用丝锥和铰杠手工攻出内螺纹，或用攻丝机攻出内螺纹。

7.3.1　模具零件的攻螺纹

模具零件攻螺纹前要先计算出螺纹底孔直径，然后选用合适的钻头钻出底孔，通常底孔直径略大于螺纹小径，再用合适的丝锥攻出内螺纹。

1. 丝锥的结构和品种

丝锥有手用丝锥和机用丝锥两类，其结构和形状如图 7-18 所示，其工作部分是一段开槽的外螺纹，包括切削部分和校准部分。

螺距≤2.5 mm 的丝锥分单支丝锥和成组等径丝锥(初锥、中锥、底锥)，机用丝锥多为单支供应。手用丝锥通常由两支组成一套，分为头锥和二锥。两支丝锥的外径、中径和内径均相等，只是切削部分的长短和锥角不同。头锥的切削部分较长，锥角较小，约有 6 个不完全齿，以便分级切削。二锥的切削部分较短，锥角较大，不完全齿约为两个。

螺距＞2.5 mm 的丝锥均为成组不等径丝锥，每组包括第一粗锥、第二粗锥和精锥3 支。

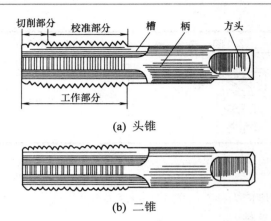

(a) 头锥

(b) 二锥

图 7-18　丝锥的结构和形状

2. 内螺纹底孔直径和钻孔深度的确定

1）　内螺纹底孔直径的经验计算公式

（1）　加工钢料及塑性金属时底孔直径：$d=D-P$

（2）　加工铸铁及脆性金属时底孔直径：$d=D-1.1P$

式中：D——螺纹大径，mm；

　　　d——螺纹小径，mm；

　　　P——螺距，mm。

普通螺纹底孔直径公差为 IT12 级精度，细牙螺纹底孔直径公差为 IT10 级精度。

表 7-18 所示为常用内螺纹规格与钻底孔钻头直径的对应关系。

表 7-18　内螺纹规格与钻底孔钻头直径的尺寸对应关系　　　　　　　　　　　　mm

螺纹标记	钻孔用钻头直径	
	普通粗牙螺纹	普通细牙螺纹
M3	2.5	—
M4	3.3	—
M5	4.2	—
M6	5	5.2(M6×0.75)
M8	6.7	7.2(M8×0.75)，7(M8×1)
M10	8.5	9.2(M10×0.75)，9(M10×1)，8.7(M10×1.25)
M12	10.2	11(M12×1)，10.7(M12×1.25)，10.5(M12×1.5)
M14	11.9	—
M16	13.9	16(M16×1)，14.5(M16×1.5)
M18	15.9	17(M18×1)，16.5(M18×1.5)
M20	17.4	19(M20×1)，18.5(M20×1.5)
M24	20.9	23(M24×1)，22.5(M24×1.5)

2)　盲孔螺纹钻孔深度

对于盲孔螺纹，由于丝锥前端有一段锥度导向使全牙螺纹不能到底，所以钻孔深度要大于螺纹长度。底孔深度可按下式计算：

$$H=h-0.7D$$

式中：H —— 钻孔深度，mm；

h —— 螺纹有效深度；

D —— 螺纹大径。

攻螺纹的操作方法与注意事项请参见 1.6.7 节，此处不再赘述。

3. 攻螺纹时的废品预防

攻螺纹时的废品产生原因及预防措施如表 7-19 所示。

表 7-19　攻螺纹时的废品预防措施

废品现象	产生原因	预防措施
螺纹乱扣	(1) 丝锥中心线歪斜。 (2) 丝锥变钝	(1) 调整丝锥与工件的垂直度。 (2) 更换新丝锥
螺纹形状不完整	(1) 底孔太大。 (2) 丝锥不锋利。 (3) 铁屑粘丝锥	(1) 更换工件，减小底孔直径。 (2) 更换丝锥。 (3) 及时清理铁屑
丝锥折断	(1) 攻螺纹时没及时反转。 (2) 没有润滑。 (3) 材料韧性太大。 (4) 工作时精力不集中造成操作不当。 (5) 用力过猛或丝锥太脆	(1) 改进攻螺纹方法。 (2) 及时润滑和清理铁屑。 (3) 选用成组丝锥，丝锥磨损后要及时更换。 (4) 用力均匀，工作细心。 (5) 选用质量好的丝锥

4. 丝锥断在螺纹孔内的取出方法

模具钳工在攻内螺纹时，会遇到软的、硬的各种模具材料，因此攻螺纹时难免会折断丝锥，尤其是初学者。下面是从生产实践中总结出来的、行之有效的取断丝锥的方法。

(1)　当丝锥折断部分露出孔外时，用钳子拧出或用尖錾轻击旋出。

(2)　当丝锥折断部分在孔内时，可用钢丝插入丝锥槽中慢慢拧出，或用小尖錾轻击丝锥周围取出。

(3)　对于难以取出且尺寸较大的丝锥，在断丝锥端面上堆焊弯曲杆件或废螺栓，然后拧出。

(4)　对于难以取出且尺寸较小的丝锥，用小錾子将其击碎在螺纹孔中，但要注意保护螺纹孔和人身安全，防止铁屑飞出伤人。

(5)　若以上方法都难以取出断丝锥，可用电火花机床把丝锥蚀掉(盲孔)，或用线切割机床把丝锥割掉(通孔)。

7.3.2　模具零件的套螺纹

套螺纹是用板牙在圆柱或管子上加工外螺纹的操作。套螺纹在模具制造时用得不多，但在模具修配时经常使用。

1. 圆柱直径的确定

圆柱直径应小于螺纹公称直径 0.2～0.4 mm 左右，可通过查表或用经验公式计算：

$$d_1 = d - 0.13P$$

式中：d_1 —— 圆柱直径，mm；

$\quad\quad$ d —— 螺纹大径，mm；

$\quad\quad$ P —— 螺距，mm。

套螺纹的操作方法与注意事项见 1.6.7 节，此处不再赘述。

2. 套螺纹产生废品的原因与预防

套螺纹产生废品的原因与预防如表 7-20 所示。

表 7-20　套螺纹产生废品的原因与预防措施

废品形式	产生废品的原因	预防措施
烂牙	(1) 对低碳钢塑性好的材料套丝时，未加润滑液，板牙把工件上的螺纹粘去一部分。 (2) 套螺纹时板牙一直不回转，切屑堵塞把螺纹啃坏。 (3) 被加工圆柱的直径太大。 (4) 板牙歪斜太多，到正时造成烂牙	(1) 对软材料套螺纹时要加合适的润滑冷却液。 (2) 板牙正转 1～1.5 圈后反转 0.25～0.5 圈，使切屑断裂和退出。 (3) 把圆柱加工到合适的尺寸。 (4) 套螺纹时板牙端面要与圆柱轴线垂直，经常检查，发现有歪斜时及时纠正
螺纹一边深一边浅	(1) 圆柱端头倒角不正，使板牙端面与圆柱轴线不垂直。 (2) 两手用力不均匀，使板牙歪斜	(1) 圆柱端头倒角要正。 (2) 两手用力要均匀，保持板牙水平旋转，及时检查板牙端面是否与圆柱轴线垂直
螺纹中径太小、牙齿太瘦	(1) 套螺纹时板牙架摆动，造成螺纹中径过小。 (2) 板牙切入圆柱后，用力压板牙架。 (3) 使用活动板牙，开口后尺寸调节得太小	(1) 套螺纹时板牙架要抓稳，不要摆动。 (2) 板牙切入后，均匀旋转，不可加力下压。 (3) 活动板牙，开口后要用样柱调整好尺寸
螺纹太浅	圆柱直径太小	加工圆柱尺寸在规定范围内

7.4　模具零件的研磨与抛光

研磨与抛光就是利用研磨和抛光工具、研磨剂从工件表面磨掉一层微薄金属，使工件具有很小的表面粗糙度值和很高精度的一种精密加工方法。

7.4.1　模具零件的研磨

研磨主要是保证尺寸精度，表面粗糙度处于次要位置。

1. 模具研磨中常用的研具

模具研磨中常用的研具为油石，其形状与代号如表 7-21 所示。

表 7-21　油石形状与代号

油石形状	代　号	油石形状	代　号
正方形	SF	半圆形	SB
长方形	SC	珩磨油石	SP
三角形	SJ	T 形珩磨油石	ST
圆柱形	SY		

2. 研磨用的润滑剂

研磨时不能干研，否则会使研磨表面产生划伤。研磨常用的润滑剂有如下几种。

(1) 润滑油，用于一般零件。

(2) 煤油，用于一般零件粗研磨。

(3) 猪油，用于精密零件研磨。

(4) 专用润滑剂，用于型腔模具镜面抛光。

7.4.2　模具零件的抛光

抛光主要是保证表面粗糙度，尺寸精度处于次要位置。

1. 抛光的目的

在制造拉深模具、冷挤压模具、型腔模具时，为降低表面粗糙度值，通常在机械加工后进行表面抛光。

2. 抛光前被加工零件的表面要求

(1) 预抛光件表面粗糙度 R_a 值应小于 3.2～1.6 μm。

(2) 抛光前留 0.1～0.15 mm 的抛光余量。

3. 抛光用的工具与材料

抛光用的工具与材料请参见 1.5 节。

4. 抛光的工艺过程

抛光的工艺过程如下。

(1) 先对工件表面进行粗加工，用细锉进行交叉锉削或用刮刀刮平，表面不应有明显的刀纹和加工痕迹。

(2) 用粗砂布、粗油石、细油石、细砂纸、金相砂纸等借助气动、电动抛光工具，分级抛光。

(3) 分别选用粗、中、细钻石膏，用抛光油稀释钻石膏后，把羊毛轮装夹在抛光工具上打磨。

(4) 钻石膏抛光后，用干净的棉花蘸取细号钻石膏再进行一次手工干抛光，以获得更加光洁的表面。最后再用干净的丝绸布或棉花擦拭干净。

5．抛光时的注意事项

抛光时需要注意以下 4 点。
(1) 抛光时运动方向要经常改变，否则会出现纹络。
(2) 前一道抛光工序完成后，必须擦拭干净，仔细检查后才能进行下道工序的抛光。
(3) 抛光复杂的表面用乙醇作为抛光液。
(4) 需抛光的模具零件，在淬火前粗抛光，淬火后精抛光。

7.5　零件样板的使用与制作

在模具制造中，一些形状复杂、空间曲线和曲面过渡较多的零件，在其划线和加工中常用到样板。因此，样板经常成为模具零件加工制造中的辅助工具，其加工精度的高低和使用方法的正确与否，将直接关系到模具零件的加工质量及其尺寸、形状精度的高低。

7.5.1　零件样板的种类

样板是检查确定工件尺寸、形状或位置的一种专用工具。在模具制造中，样板主要有划线样板、测量样板(工作样板)、校对样板和辅助样板等几种，其适用范围如表 7-22 所示。

表 7-22　模具样板的种类及适用范围

样板名称	图形示例	适用范围
划线样板		用于模具零件划线的样板
测量样板 (工作样板)		用来检验工件表面轮廓形状和尺寸的样板
校对样板		用来检验工作样板(测量样板)形状、尺寸的高精度样板
辅助样板		用来检验工作样板局部形状、尺寸的高精度样板

7.5.2　样板在模具制造中的作用

在制造具有复杂平面曲线或立体曲面零件时,样板成为必不可少的专用量具。

1. 用样板划线

在模具零件加工中,对一些形状复杂或多个形状复杂的相同型腔,用常规的划线方法是难以直接划出的,只有采用样板划线才能方便地划线和达到多个型腔的一致性。如对具有复杂立体曲面拉深成型模的外轮廓、压边圈的内形、顶件块的外轮廓和凹模内轮廓等的划线,就需要根据工艺主模型的轮廓形状的投影样板来确定。

2. 用样板来检测

用样板来检查被加工工件的尺寸、形状和位置,是样板在模具制造中的主要用途之一。用样板检测的主要优点在于检测方便,不需要专用设备,检测效率高,能在短时间内得到检测结果并判断是否合格,从而使零件及时得到修正和改制,提高生产效率,缩短制模周期。

在检测时将样板的测量面与被加工工件的测量面相吻合,然后用光隙(透光)法检查光缝大小和均匀程度,来判断零件是否合格;也可将样板贴在工件平面上,观察零件轮廓形状是否与样板形状相吻合。

3. 用样板精加工

在加工具有复杂型面的模具零件时,一般先按模具的型腔轮廓和尺寸制作样板,再用这些样板来校对和修正加工型腔,使其达到所要求的尺寸精度。

如图 7-19 所示的型腔,在加工型腔圆弧形状部分前,先按图纸尺寸加工凸样板和凹样板,凸样板用于型腔加工检验,凹样板用于刀具加工检验。在车削圆弧过程中,经常用凸样板校对圆弧形状,最后用成型刀整形。

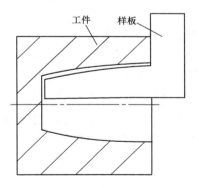

图 7-19　型腔与型腔样板

7.5.3　样板的制作方法

常用样板的制作方法如表 7-23 所示。

表 7-23　样板的制作方法

项　目	制造说明与要求
样板材料	样板材料：短期使用时采用 Q235 冷轧钢板，长期保存时采用不锈钢。 零件批量较大时应热处理，防止过早磨损。 材料厚度：1～3 mm。 材料要求：硬度适中，表面平整光洁
样板基准选择	(1) 以中心十字线为基准。 (2) 以两个相互垂直的面为基准。 (3) 以平面和中心线为基准。 (4) 以已加工出来的表面为基准
样板制作精度	(1) 样板的尺寸公差值要符合精度等级，通常按下式计算： $$\delta\ 样板 = \delta\ 工件 - \delta\ 测量$$ 式中：δ 样板——样板公差，mm； 　　　δ 工件——被测工件制造公差，mm； 　　　δ 测量——样板测量的可能最大公差，mm。 (2) 要求较高的配对使用样板，其轮廓要吻合，应使用"灯箱"透光检查，缝隙透光均匀或不透光。 (3) 样板的测量面应与样板的大平面垂直。 (4) 样板测量面的表面粗糙度 R_a 值应小于 0.8 μm。 (5) 要求对称的样板，形状必须以中心线完全对称
样板加工方法	(1) 钳工手工加工。 (2) 机械切削加工：铣或车普通加工、精密成型磨床、数控铣加工。 (3) 电加工：线切割、电火花等
样板标记刻字	(1) 标记要清晰可见。 (2) 套数符合要求并成套存放

7.5.4　手工制作样板的工艺过程

机械加工或电加工制作样板采用机床控制，制造容易，精度也较高，应用广泛。但有时也采用手工制作样板，其工艺过程如表 7-24 所示。

表 7-24　手工制作样板的工艺过程

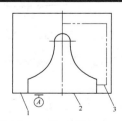

1—工件样板　2—校对样板　3—辅助样板

续表

制作过程	工艺说明	要　求
校对样板制作	(1) 剪切板料。 (2) 校正板料。 (3) 磨平板料两面。 (4) 加工样板基准面。 (5) 划线。 (6) 粗加工测量面。 (7) 精加工测量面。 (8) 研磨测量面。 (9) 去毛刺。 (10) 检验	(1) 备料两块，按最大的长×宽尺寸，留加工余量 1～1.5 mm。 (2) 校平板料。 (3) 平磨上下平面。 (4) 锉削样板两相邻面成 90°。 (5) 画出样板的全部轮廓线。 (6) 周围留有 0.2～0.5 mm 的精加工余量。 (7) 外形加工到尺寸，成型部分留 0.05～0.1 的研磨余量。 (8) 研磨到尺寸精度，表面粗糙度达到要求。 (9) 四周去锐棱。 (10) 检验尺寸精度和表面粗糙度
工作样板制作	(1) 将检验合格的校对样板与工作样板坯料叠合在一起，用夹板夹紧。 (2) 用划针按校对样板划线。 (3) 按粗、精加工方法加工	(1) 使两个样板的基准面 A 重合。 (2) 划线时要认真。 (3) 用校对样板的制作方法进行加工
检验样板	(1) 对拼检验。 (2) 用万能量具检验。 (3) 用光学测量仪器检验	(1) 对拼后用光隙法检验。 (2) 正确使用量规、角规。 (3) 使用工具显微镜
作标记	在样板指定位置处电刻标记	标记符号要平直美观

本 章 小 结

　　本章详细介绍了模具零件的划线，模具零件的钻孔、扩孔、铰孔、锪孔；简要介绍了模具零件的攻螺纹与套螺纹、模具零件的研磨与抛光等方面的内容，目的是帮助学生初步掌握模具钳工的基本操作方法，为今后模具设计和制造打下扎实的基础。

思考与练习

1. 填空题

　　(1) 模具钳工以_____操作为主，工作内容很广。包括各类钳工_____的使用、各类_____的使用、各类钳工常用_____的使用、模具零件的_____、模具零件各类_____的加工、模具零件的_____、模具零件的_____与_____、模具的_____、模具的_____与_____等。

　　(2) 确定划线基准时既要保证划线_____，提高划线效率，又要尽量保证划线基准与_____基准一致。工件余量足够时，为了划线方便，常选用_____的面作为划线基准。

　　(3) 刃磨钻头就是把已磨损的_____恢复成正确的几何形状，以保持良好的_____。钻孔中的事故大都是由于工件的_____错误造成的，需引起高度重视。

(4) 在模具制造中，一些成型零件的_____孔、_____孔、注射模具_____孔、_____注射孔、小导柱及小导套固定孔等，其精度和表面粗糙度要求很高，大部分是用铰刀铰孔加工，加工效率很高，会极大缩短生产周期、降低生产成本。铰孔的精度可达_____级，表面粗糙度达到_____。

(5) 模具零件攻螺纹前要先计算出_____直径，然后选用合适的钻头钻出底孔直径，通常底孔直径略大于螺纹_____。

2. 简答题

(1) 选择划线基准的原则有哪些？

(2) 钻头折断的原因是什么？预防措施有哪些？

(3) 铰孔操作的方法与注意事项有哪些？

(4) 什么是模具零件锪孔加工？锪孔加工的工艺要求有哪些？

(5) 不小心丝锥断在螺纹孔内，用什么方法取出？

(6) 简述抛光的工艺过程和注意事项。

3. 应用题

(1) 在尺寸为 105 mm×55 mm×12 mm 的毛坯上划出如图 7-20 所示的加工线。

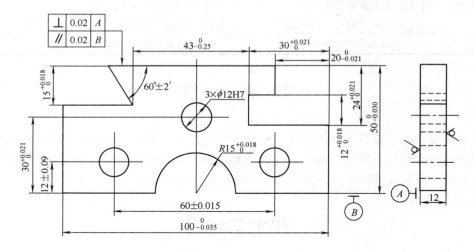

图 7-20 零件划线

(2) 刃磨 ϕ15 mm 的麻花钻头，并修磨横刃。在厚度为 15 mm 的钢料上钻两个孔距为 15±0.15 mm 的孔。

(3) 在厚度为 35 mm 的 HT200 冲压模座上配钻铰 ϕ10 mm 的销孔，简述加工过程。

第8章　模具的修理与组织

模具是比较精密、复杂而又昂贵的工艺装配，其制造周期较长，生产中又具有单件成套性。为保证正常生产，提高制件质量，延长模具寿命，改善模具技术状态，除对模具进行必要的维护与保养外，还必须对模具在使用过程中造成的正常磨损和非正常损坏进行正确的维修与改造。

8.1　模具修理工作的组织

任何模具在使用一段时间后，由于其内部零件逐渐磨损或操作者的粗心大意，其工作性能和精度都会降低。所以，为延长其使用寿命，保证制品质量，要及时对模具进行修理。

修理模具要尽量在较短的时间内完成，因为大多数情况下模具是单套的，没有备用品，如果修理时间拖得太长就会影响生产的正常进行。在工厂里要达到快速修理的目的，就必须正确组织和精心安排工作，这一点非常重要。

1. 修理人员的配备

在工厂里，为了使模具能得到合理的使用，做到安全正常生产，一般都设有模具修理车间或维修小组。这些修理车间和维修小组的成员，应该是有一定的模具制造实践经验的模具工以及相关工程技术人员。在通常情况下，他们的技术水平和实践经验要求比较全面。这是因为他们不仅要精通模具的修理方法，而且还要明确各种模具的技术要求和检查、验收及使用方法，要善于发现模具的问题并及时寻找模具损坏的原因，使模具在最短的时间内修理好，使之恢复到原来的质量和精度要求，确保模具的正常使用，同时还要避免以后发生同样的损坏。

2. 修理工的工作职责

由于模具是一种高精度的生产工具，它在制造与修配上具有特殊性，技术上要求也较高，所以模具的修配工作，不但要求修理工有较强的责任感和事业心，还要有较高的实际操作技能。

修理工的主要职责如下。

(1) 熟悉本厂(本车间)所有产品所用模具的种类及每种产品制件所用模具套数、工艺流程及使用状况。要建立模具技术档案，注明模具开始使用的时间、每次生产的件数及每副模具的使用状态。标明模具易损零件的磨损情况、需要维修的部位及更换备件程度。

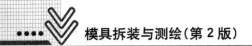

(2) 掌握所修模具的全部情况,如模具的结构特点、动作原理、模具性能特点、易磨损和常发生问题的部位,并能确定修理方法和修理方案。

(3) 要不断提高修理技能和培养独立工作能力,配合操作工进行模具安装及修理后的模具调试工作。

(4) 在模具工作过程中,要经常检查模具的工作状态,负责模具在机上的随机修理与调整工作。

(5) 负责模具易损件的配置与更换,负责维护与检修工作。

3. 模具修配工艺的过程

模具修配工艺的过程如表 8-1 所示。

表 8-1　模具修配工艺过程

序　号	修配工艺	简要说明
1	分析修理原因	(1) 熟悉模具图样,掌握其结构特点和动作原理。 (2) 根据制件情况,分析造成模具损坏、需修配的原因。 (3) 确定模具修理部位,观察其损坏情况和部位损坏情况
2	制定修理方案	(1) 制定修理方案和修理方法,确定模具大修或小修方案。 (2) 制定修理工艺。 (3) 根据修理工艺,准备必要的修理通用、专用工具及备件
3	修配	(1) 对模具进行检查,拆卸损坏部位。 (2) 清洗零件,核查损坏原因并修订修配方案。 (3) 更换或修理损坏零件,使其达到设计和使用要求。 (4) 重新装配模具
4	试模与验收	(1) 将修配好的模具,用相应的设备进行试模与调整。 (2) 根据试件进行检查,确定修配后的模具的质量状况。 (3) 根据试冲制品情况,检查修配后是否将原缺陷消除。 (4) 确定修配合格的模具,打上标记,不用时入库存放

8.2　冲模的修理

冲模修理主要是凸、凹模的磨损或崩裂,也有操作不当而压坏模具的。

8.2.1　冲模损坏的原因

表 8-2 列出了常见的冲模损坏的原因。

表 8-2　冲模损坏的原因

冲模损坏部位		产生原因
模具工作零件表面损坏	冲裁过程中的磨损	(1) 凸、凹模工作部分润滑不良。 (2) 间隙过小或过大。 (3) 凸、凹模选材不当或热处理不合适，硬度低。 (4) 制品材料性能超过规定范围或表面有锈蚀、杂物。 (5) 冲模本身结构上有缺陷，如上、下模不在同一条中心线上。 (6) 设备精度差(如平行度、行程垂直度超出规定)。 (7) 模具安装不当，如紧固螺钉松动。 (8) 操作中违章作业
	弯曲、拉深过程中的磨损	(1) 制品材料在凹模内流动时引起凸、凹模的表面划痕和磨损。 (2) 拉深模压边力不足或压边不均匀。 (3) 制品材料厚薄不均。 (4) 制品材料表面有灰砂或润滑油不干净。 (5) 模具的缓冲(气垫)系统顶件力不足，弹簧或橡皮弹力不足
	模具其他部位的磨损	(1) 定位零件长期使用，制品与模具零件之间相互摩擦而磨损，使定位不准确。 (2) 连续模的挡料块及导板长期使用，板料送进过程中造成挡料板磨损。 (3) 导柱与导套、斜楔与滑块之间因相对运动而发生磨损
模具工作零件的裂纹	操作方面造成的损坏	(1) 工件放偏，造成局部材料重叠。 (2) 工件或废料影响了导向部分，造成导向失灵。 (3) 双料冲压(叠料)。 (4) 废料及制品工件未及时排除，流进刃口部位。 (5) 异物遗忘在工作部分的刃口内部，未及时清除。 (6) 违章作业，如起吊工不慎将模具摔裂或调整闭合高度时，使上、下模相撞
	模具安装方面造成的裂损	(1) 闭合高度调得过低，将下模胀裂。 (2) 顶杆螺钉调得过低，将卸料器顶裂。 (3) 连杆螺钉未紧固就开始生产，工作时自由向下滑动，造成凹模和底板的裂损。 (4) 压板螺钉紧固不良，生产时模具松动或卸模时个别螺钉未拆除就启动，造成导柱折断。 (5) 上、下底板与滑块或垫板间垫有废料，除了使刃口啃坏外，还会造成凸模的折断。 (6) 安装工具遗忘在模具内，未及时发现就开始工作，造成工作部分挤裂
	模具制造方面造成的裂损	(1) 凹模废料孔有台肩，排除废料、工件不通畅，使凹模被胀裂。 (2) 凹模孔出现倒锥，漏料孔胀满憋坏模具。 (3) 热处理质量不好。 (4) 自动模及级进模工作不稳定，造成制件重叠而将凹模胀裂。 (5) 零件结构设计不良，应力集中或强度不够，以致受力后裂损
	制品材料引起的模具裂损	(1) 制品材料力学性能超过允许值。 (2) 材料厚薄不均，超过公差太多

8.2.2　冲模的随机维护性修理

冲模在使用过程中，总会出现一些故障。对于这些故障，有的不必将冲模从压力机上卸下，可直接在压力机上进行维护性修理，以使其尽快恢复正常工作状态，保证生产的正常进行。这种维护性修理(即随机维护性修理)的方法如表 8-3 所示。

表 8-3　随机维护性修理的方法

序　号	项　目	原　因	方　法
1	更换易损件	(1) 定位零件磨损后定位不准确。 (2) 连续模导料板、挡块(钉)磨损，精度降低。 (3) 复合模中顶杆弯曲	(1) 更换新定位件。 (2) 调整到合适位置或更换新零件。 (3) 更换新顶杆或将原顶杆校直使用
2	刃磨凸凹模刃口	冲裁模中，凸凹模刃口磨钝不锋利，致使制品工件有明显的毛刺及撕裂	用油石在刃口上轻轻地研磨或卸下凹模，将凸模在平面磨床上刃磨后再继续使用
3	调整卸料距离	凸、凹模刃口刃磨后，使冲模闭合高度降低，致使复合模中卸料器与凹模不在同一平面上。继续冲压后，上模将卸料板压下一段距离，致使卸料弹簧变形	凸、凹模经一定的刃磨次数后，应在凸模底部加垫板，以保持原来的位置及高度
4	磨修与抛光	拉深与弯曲、成型模因磨损或长期使用后表面质量降低或产生划痕	用油石或细砂纸，在其表面轻轻打光，然后用氧化铬抛光膏抛光
5	模具紧固	模具在使用一段时间后，由于振动及冲击，使螺钉松动，失去紧固作用	模具使用超过一段时间后，应紧固所有螺钉
6	调整定位器	由于长期使用及冲击振动，定位器位置发生变化	随时检查，调整到合适位置

模具随机维护性修理是在现场就地进行，采取的措施常带有临时性，但必须要保证修理质量。这种修理涉及的模具修磨工艺如表 8-4 所示。

表 8-4　随机维护性修理的模具修磨工艺

序　号	修磨部位	修磨工艺与方法
1	刃磨冲裁模的凸、凹模刃口	当冲裁模凸、凹模刃口磨损较小时，为了减少冲模拆卸而对定位圆柱销和销孔配合精度的影响，一般不必将凸模卸下，可用几组不同规格的油石，蘸煤油后在刃口凹模、刃口平面上沿着一个方向轻轻地研磨刃口，直到刃口光滑锋利为止
2	弯曲、拉深模的凹模、凸模刃磨	先用弧形油石或细砂纸将凹模圆弧面打光，然后再用氧化铬抛光，使之圆滑过渡，如果凹模圆角半径随研磨而大，可以先镀硬铬，再适当修磨出圆角

续表

序 号	修磨部位	修磨工艺与方法
3	拉深模压料板刃磨	压料板经长期使用后，会因磨损而失去平整性，此时要将其磨平并抛光
4	修磨受损伤的刃口	冲裁模刃口崩刃或出现裂纹，可用油石及风动砂轮进行刃磨，即先用风动砂轮将崩刃或裂纹部位的不规则断面修磨成圆滑过渡的规则断面，然后用油石仔细研磨，特别是刃口直壁部位，一定要研磨光洁，保证与平面垂直。 使用风动砂轮时，磨削压力要轻微，移动速度要缓慢

8.2.3 冲模的翻修

在冲模使用过程中，若发现冲模主要部位的损坏过于严重，无法随机检修，就要卸下进行翻修，其方法如表 8-5 所示。

表 8-5 冲模的翻修方法

序 号	项 目	说 明
1	翻修原则	(1) 冲模零件的更换及部分更新，一定要满足原图样设计要求。 (2) 翻修后的冲模配合精度，要达到原设计要求，并重新进行研配和修整。 (3) 翻修后的冲模，经试冲一定要符合质量要求。 (4) 检修时间要适应生产的需求
2	翻修方法分类	(1) 嵌镶法：模具部件损坏时，可以在原件基础上嵌镶一块金属成形镶件，以节约材料和工时。 (2) 更新法：零件损坏比较严重时，可以更换新的零件
3	修理步骤	(1) 擦净冲模油污，使之清洁。 (2) 全面检查各部位尺寸、精度，并做好记录，填写修理卡片。 (3) 确定修理方案及修理部位。 (4) 拆卸冲模。在一般情况下，不必拆卸的部位不要拆卸。 (5) 更换部件或进行局部修配。 (6) 装配、试冲、调整。 (7) 记录修配档案和使用效果
4	注意事项	(1) 拆卸冲模时，应按其结构，预先考虑好操作程序，避免操作程序先后倒置。拆卸时，要用木锤或铜锤轻轻敲击冲模底座，使上、下模分开，决不可猛击猛打，造成零件破损和变形。 (2) 拆卸的顺序应与冲模的装配顺序相反，本着先外后内、先上后下的顺序拆卸。 (3) 拆卸时严禁敲击零件的工作表面。 (4) 辨别好零件的装配方向后再拆卸。 (5) 拆卸后的零件，特别是凸、凹模工作零件要妥善保管，最好放在盛油的油箱内以防生锈。 (6) 容易产生位移而又无定位的零件，在拆卸时要做好标记，以便于装配。 (7) 根据损坏程度大小，将需修理的零件精心修配或更换。 (8) 零件换取或修配后，经组装、试模、调整，尽量达到原来的精度及质量效果

8.2.4 冲模的修复方法

1. 螺纹孔和销钉孔的修理方法

螺纹孔和销钉孔的修理方法如表 8-6 所示。

表 8-6 螺纹孔和销钉孔的修理方法

修理项目	简 图	修理方法
损坏的螺纹孔		第一种方法：扩大维修法。将小螺纹孔改成较大螺纹孔后，重新选用相应的螺钉。 优点：牢固可靠，修理方便。 缺点：所有螺钉凹孔、沉孔要重新钻锪比较麻烦
	拼块	第二种方法：嵌镶拼块，重新攻原规格的螺纹孔。 优点：不需更换新螺钉，其他件也不需扩、锪孔。 缺点：比较费人工
损坏的销钉孔		第一种方法：更换直径比较大的销钉。此法适用于所有零件(同一销钉销紧零件)的销钉孔均同时加大或磨损后采用。 优点：精度较高
	螺纹塞柱	第二种方法：加螺纹塞柱后，再加工成原先孔径大小的柱销孔，适用于在同一圆柱销紧固的板系中只有一块的销钉孔变大或损坏的情况下。 优点：方法简单

2. 定位零件的修复方法

定位零件的修复方法如表 8-7 所示。

表 8-7　定位零件的修复方法

修理部位	损坏原因	修复方法
定位销、定位钉、定位板	长期磨损或定位板紧固螺钉、销钉松动使定位不准	(1) 更换新的定位销(钉)或导正销，重新调整后再使用。 (2) 再次调整紧固螺钉和销钉，使其定位准确。 (3) 定位销孔因磨损逐渐变大或变形，要用直径大一些的钻头扩孔
连续模中的导料板及侧刃挡块	长期磨损或条料的冲击，使位置发生变化，影响冲裁质量	修理时，将其从冲模上卸下，进行检查，若发现挡块松动，要重新紧固调整合适后再使用；若导板磨损严重，应在磨床上磨平后，再调整位置继续使用；若局部磨损，可以补焊磨平后继续使用

3. 凸、凹模的修复方法

1)　冲裁凸、凹模的修复方法

冲裁凸、凹模的修复方法如表 8-8 所示。

表 8-8　冲裁凸、凹模的修复方法

修复方法	简　图	修复工艺说明
挤捻法修复刃口	 (a) 锤击方向　45°～60° (b)	刃口长期使用与刃磨，使间隙变大，可用锤击的方法将刃口附近的金属向刃口的边缘挤捻移动，从而减少凹模孔的尺寸(或加大凸模的尺寸)，达到减小间隙的目的。其方法是：先通过局部退火将硬度降至 38～42HRC 范围内，然后用锤均匀而仔细地依次锤击刃口部位，锤击方向的夹角为 45°，然后再修磨刃口，合适后再淬硬、平磨刃口

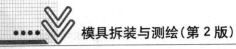

续表

修复方法	简 图	修复工艺说明
挤捻法修复刃口		用几种粗细不同的油石，加些煤油，在刃口上仔细地来回研磨，使刃口变得锋利。研磨时不必拆下冲模
嵌镶块法修整	(a) (b) (c)	凸模、凹模刃口损坏后，可以用相同材料的镶块来镶补损坏部位，并修整到原来的形状。 (1) 对损坏的凸、凹模进行退火处理。 (2) 把损坏的部位去掉，用线切割或锉修的方法加工成工字形或燕尾形。 (3) 将制成的镶块嵌在槽中，配合要紧密，不允许有间隙。 (4) 大型镶块用螺钉及销钉紧固，嵌小孔凹模时，也可以用螺柱塞紧后再重新钻孔成形。 (5) 将镶配后的凸、凹模加工成形，研配间隙后淬硬
锻打修复刃	对于间隙变大的凸、凹模可以采用局部锻打的方法来使间隙缩小。先利用氧气、乙炔气焊具沿着刃口边缘慢慢移动，将其加热，等到发红即用锤子敲击刃口，以改变刃口尺寸(缩小凹模孔径尺寸或增大凸模断面尺寸)，待刃口中各部的延展尺寸敲击均匀后，停止敲击，继续加热，保温几分钟后冷却。采用压印法将刃口修复合适，刃口修复后再用火焰表面淬火，提高硬度	
镦压法修复刃口	加热部分 镦压后的形状	(1) 将要报废的模具零件加热到适合于锻打的红热状态。 (2) 通过压力机施加压力，使其受力变粗。 (3) 冷却后修配刃口成形

修复方法	简　图	修复工艺说明
电焊堆焊法		(1) 将啃伤刃部的凹模(凸模)用砂轮磨成与刃口平面成 30°～45°斜面，宽度视损坏程度而定，一般为 4～6 mm；假若是裂纹，可用砂轮磨出破口；如果是内孔崩刃，应按内孔直径大小装配一根黄铜棒于凹模孔内，防止凹模变形。 (2) 预热：在炉内加热，按回火温度预热。 (3) 焊补：用直流电焊机和电焊条将预热的工件用电焊条来补焊镶块。 (4) 将焊后的工件保温一段时间，冷却后用磨床加工到要求的尺寸
红热镶嵌法修复凹模		(1) 将损坏的凹模退火后，按要求车成内孔为规定尺寸形状的外套。 (2) 根据内孔形状做一凹模镶件。 (3) 将外套加热至 150～200 ℃，然后把镶件嵌入，冷却后即紧固在一起。 (4) 加工组合凹模、凸模刃口达到尺寸要求
套箍法修复裂纹零件		先制成一个钢带夹圈，其内径尺寸应比工件小 0.5～0.15 mm，采用过盈配合，然后将其加热发红后，把被修零件固定在预应力圈内，冷却后即被夹紧，使裂纹不再扩展
加链板形箍修复裂纹凹模		对于大中型冲模，其底座和凹模若有裂纹，可以加链板形箍进行修复补救
圆形镶块凹模修复法	若为大中型圆形落料凹模且采用拼块式结构，在修理时可先将凸模刃口磨锋利，再将凹模拼块拼接面每面磨去 0.05～0.1 mm，重新拼接后内孔缩小，再用内圆磨床磨到符合尺寸要求，与凸模相配，调好间隙	

2) 变形类冲模工作零件的修复

变形类冲模如压弯模、翻边模及拉深模的凸、凹模长期使用后，除了因裂纹而需要修补外，常见的损坏主要是因磨损而引起的质量下降。例如：压弯模凸模圆角磨损后会引起制品侧面孔位上移；翻边模的凹模磨损后会引起制件翻边不直或外径超差；拉深模的凹模磨损后会造成拉毛、起皱等。变形类冲模工作零件的修复方法如表 8-9 所示。

表 8-9　变形类冲模工作零件的修复方法

修复方法	修磨修复法	修复工艺说明
修磨修复法	磨损量Δ　磨去量>Δ　新的圆角　加垫＝磨去量　磨去量Δ　新的圆角　磨去量	(1) 压弯模凸模圆角磨损后，可在平面磨床上将底面磨去，其修磨量应大于圆角磨损量，随后再用砂轮打修成所需的圆角。 (2) 对于凹模，除了将刃口部位磨去外，同样也应将侧面磨去，但侧面磨量不要太大，只要将拉毛的沟槽磨平即可。侧面磨去后，凹模的尺寸会变小，为了不影响使用，可以采取背面加垫的办法作为补偿
镶嵌加箍法	对于裂损了的凸、凹模，可采用嵌镶拼块的方法进行修补；对于裂纹不大的凸、凹模，也可以采用加箍法将其紧固，使裂纹不再扩展	
镀硬铬法	变形类凸、凹模被磨损后，表面失去了原有光泽，几何形状及尺寸精度都有所改变，用修整的方法较难修复。此时可采用镀硬铬法，镀铬层一般不超过 0.05 mm。镀铬时，转角部分要镀厚一些，镀后重新修复到要求的尺寸	

3) 冲模易换零件的制备

对于制品批量较大，模具易损、易坏的零件，应备有备件，一旦出现问题，立即更换修理，以保证生产要求。

冲模备件的制备方法如表 8-10 所示。

表 8-10　冲模配件的制备方法

制备方法	简　图	工艺说明
压印备件法	原件　备件　划线	(1) 先把备件坯料的各部分尺寸按图样进行粗加工，并磨光上、下两平面。 (2) 按照模具底座、固定板或原来的冲模零件把螺钉孔和销孔一次加工到要求的尺寸。 (3) 把备件坯料紧固在冲模上后，可用铜锤锤击或用手动压力机进行压印。 (4) 压印后卸下坯料，按压痕进行锉修加工。 (5) 把坯料装入冲模中，进行第二次压印与锉修。 (6) 反复压印与锉修，直到合适为止

制备方法	简　图	工艺说明
划印备件法		(1) 用原来的冲模零件划印,利用废损的工件与坯件夹紧在一起,再沿其刃口,在坯件上划出一个带有加工余量的刃口轮廓线,然后按这条轮廓线加工,最后用压印法来修整成形。 (2) 用压制的合格制件划印,即用原冲制的零件在毛坯上划印,然后锉修、压印成形
心棒定位法		加工带有圆孔的冲模备件,可以用芯棒来加工定位,使其与原模保持同心,然后再加工其他部位
定位销定位法		在加工非圆形孔时,可以用定位销定位后按原模配件加工
直接接触定位法		在配制凸、凹模备件时,用原凹模定位,首先把备件坯料外圆的上端精车到易与凹模配合的尺寸(长度为 2~3 mm),然后将坯料压入凹模,此后即可按冲模底板上的已有定位销孔配钻备件的销孔
利用制品配制变形类备件		(1) 按图样检验备好的坯件。 (2) 将坯件装入冲模中,并用工艺螺钉紧固。 (3) 在上、下模的工作部分,放入一个已压制好的合格零件,并使其与凸、凹模贴紧摆正。 (4) 按下模板上的销孔钻铰坯件的销孔和螺孔。 (5) 钻孔后,进行热处理、抛光、研磨。 (6) 坯件必须采用配制的方法进行修理:首先按图样加工模坯,并留有一定的加工余量,然后,在原来的冲模上配制定位销孔和螺孔,以保证一定的间隙及准确位置

续表

制备方法	简　图	工艺说明
细小备件凸模的更换	(1) 将凸模固定板卸下，清洗干净。 (2) 把固定板放在平台上，并用等高垫铁垫起，使凸模朝上。 (3) 退出损坏的凸模。 (4) 将固定板翻转过来，再用等高垫铁垫起。 (5) 将新凸模工作部分朝下，并引进固定板对应的孔中，再用锤子轻轻地将凸模敲入固定板。 (6) 将新更换的凸模与凹模调好间隙，再固定。 (7) 将换好的凸模固定板组合，在平面磨床上磨平背面后，再翻过来，平磨刃口面，使其与其他凸模高度一致。 (8) 进一步调整间隙，修整后可继续使用。 (9) 若更换细小凸模，也可以用低熔点合金及环氧树脂浇注紧固	
凸、凹模刃口平面磨削法	(1) 凸、凹模刃口使用一段时间后，应在平面磨床上平磨刃口，使其变锋利。 (2) 每次刃磨量不要太大，一般为 0.02～0.05 mm。 (3) 刃磨时，每次进刀量要适中，不要过深。 (4) 拆卸零件时，应避免碰伤刃口及模具的其他零件	

4. 导向零件的修配方法

导向零件的修配方法如表 8-11 所示。

表 8-11　导向零件的修配方法

序　号	项　目	修配说明
1	导向零件磨损后对模具的影响	导向零件(导柱、导套)经长期使用后，被磨损而使导向间隙变大，受到冲击振动后会发生晃动，丧失了导向能力，致使上、下模相碰，损坏冲模或造成凸、凹模间隙的不均匀，使制品出现毛刺，从而影响产品质量
2	检查方法	用撬杠将上模撬起，双手撑住左右晃动，若上模板在导柱中摆动，则表明导柱、导套间隙过大，应进行修配(可以用量具检查)
3	检修方法	(1) 把导柱、导套磨光。 (2) 对导柱进行镀硬铬。 (3) 镀铬的导柱与研磨后的导套配合研磨导柱，使间隙恢复到原来的精度。 (4) 将经研磨后的导柱、导套抹一层薄机油，将导柱插入导套孔中，如用手转动或上下移动导柱而不觉得过紧或过松，即为合适。 (5) 将导柱压入下模板，压入时需将上、下模板合在一起，使导柱通过上模板孔再压下去，并用角尺测量，以保证垂直度。 (6) 用角尺检查后，将上、下模板合起来，用手检查其配合程度和修理质量。 (7) 检查时，若发现导柱倾斜或感到有摇晃现象，应重新修配

8.3　各类冲压模的常见故障及修理方法

　　模具在制造或使用过程中，由于制造工艺不合理、在机床上安装或使用不当、模具零件的自然磨损以及设备发生故障等原因，都会使模具零部件失去原有的使用精度或功能，以致影响制件的质量和生产效率。因此，在使用模具时，必须掌握模具技术状态的变化，出现问题要认真、及时地予以处理，使其保持良好的工作状态。

　　掌握模具的磨损程度以及模具损坏的原因，从而制定出修理内容和修理方案，这对延长模具的使用寿命、降低制件的成本也是十分重要的。

8.3.1　冲裁模的常见故障及修理方法

　　冲裁模常见故障及修理方法如表 8-12 所示。

表 8-12　冲裁模常见故障及修理方法

故障现象	产生原因	修理方法
制品的外形和尺寸发生变化	(1) 凸模与凹模尺寸发生变化或凹模刃口被啃坏，凸模某部位损坏。 (2) 定位销、定位板被磨损，不起定位作用。 (3) 在剪切模或冲孔模中，压料板不起作用，而使制品受力引起弹性跳起。 (4) 条料没有送到规定位置或条料太窄，在导板内发生移动	(1) 制品外形尺寸变大，可卸下凹模，将其更换或采用挤捻、嵌镶、堆焊等方法修配；制品内孔变小，可以用同样的方法修配。 (2) 检查原因，更换新的定位零件，或仔细调整模具零件位置后继续使用。 (3) 修理压料板、压料橡皮或压料弹簧，使其压紧坯料后进行冲裁。 (4) 改善工艺条件，按规定的工艺制度严格执行
制品内孔与外形尺寸相对位置发生变化	(1) 由于长期使用，凸模与凹模的紧固零件或固紧方式变化，位置移动。 (2) 在连续模中，侧刃长期被磨损而尺寸变小。 (3) 导正钉位置发生变化或两个导正钉定位时，由于受力发生扭转，使定位、导向不准。 (4) 定位零件失灵	(1) 紧固凸、凹模或重新安装，恢复原来精度及间隙值。 (2) 侧刃长度应与步距尺寸相等。当变小时，应更换新的侧刃凸模。 (3) 更换导钉，调整好位置。 (4) 重新更换、安装定位零件
制品产生了毛刺，而且越来越大	(1) 凸、凹模刃口变钝，局部磨损与破裂。 (2) 凸、凹模硬度太低，长期磨损刃口变钝。 (3) 凸、凹模间隙不均匀。 (4) 凸、凹模相互位置变化，造成单边间隙增大。 (5) 凹模刃口做成倒锥形。 (6) 拼块凹模拼合不紧密，配合面存在缝隙。 (7) 凸、凹模局部刃口被啃坏或产生凹坑和印痕。 (8) 搭边值小，模具设计不合理	(1) 刃磨刃口，使其变锋利。 (2) 更换新的凸、凹模零件。 (3) 调整导柱、导套配合间隙，把凸、凹模间隙调匀。 (4) 调整间隙及凸、凹模的相对位置，并紧固螺钉。 (5) 修磨刃口或更换新的凸、凹模。 (6) 检查拼块拼合状况，若发现松动，产生缝隙应重新镶拼。 (7) 更换凸、凹模，或在平面磨床上刃磨刃口平面。 (8) 增大搭边值
制品表面平整度越来越差	(1) 压料板失灵，制品冲压时翘起。 (2) 卸料板磨损后与凸模间隙变大，在卸料时易使制品单面及四角带入卸料孔内，使制品发生弯曲变形。 (3) 凹模呈倒锥。 (4) 条料本身不平	(1) 调整及更换压料板，使之压力均匀(0.5 mm 板料可以用橡皮压料) (2) 换卸料板或修补卸料板，始终与凸模保持适当间隙值 (3) 更换凹模或进行修整 (4) 更换条料

续表

故障现象	产生原因	修理方法
工件制品与废料卸料困难	(1) 复合模中顶杆、打料杆弯曲变形。 (2) 卸料弹簧与橡皮弹力失效。 (3) 卸料板孔与凸模磨损后间隙变大，凸模易把制品带入卸料孔中，卡住条料或使制品不易卸出。 (4) 复合模中卸料器推块顶杆长短不一致或歪斜。 (5) 工作时润滑油太多将制品粘住或拉伸，成形模制品与模具间形成真空。 (6) 漏料孔过小或被制品废料堵塞	(1) 更换修整打料杆、顶杆。 (2) 更换新的弹簧与橡皮。 (3) 重新补焊、镶拼修整卸料板。 (4) 修整或更换卸料推块顶杆。 (5) 适当加润滑油，成形凸模与凹模钻孔，保持与大气相通。 (6) 加大漏料孔防止堵塞
制品只有压痕，剪切不下来	(1) 凸、凹模刃口变钝。 (2) 凸模进入凹模深度太浅。 (3) 凸模长期使用，与固定板配合发生松动，受力后凸模被拔出	(1) 磨修刃口，使其变锋利。 (2) 调整压力机闭合高度，使凸模进入凹模深度适中。 (3) 重新装配凸模
凸模弯曲或断裂	(1) 凸模硬度太低，受力后弯曲，硬度高则易折断碎裂。 (2) 在卸料装置中，顶杆弯曲，致使活动卸料推块在冲压过程中将凸模折断或弯曲。 (3) 上、下模板表面与压力机台面不平行，致使凸模与凹模配合间隙不均，使凸模折断或弯曲。 (4) 螺钉与销钉松动，使凹模孔与卸料板孔不同轴，致使凸模折断。 (5) 导柱、导套、凸模由于长期受冲击振动而与支持面不垂直。 (6) 凹模漏料孔被堵，凸模被折断，凹模被挤裂	(1) 控制热处理硬度。 (2) 检查卸料器受力状况，若发现顶杆长短不一或弯曲，应及时更换。 (3) 卸下模具，调整或维修后重新将模具安装在压力机上。 (4) 经常检查模具，预防螺钉和销钉松动。 (5) 重新调整、安装模具。 (6) 经常检查漏料孔状况，发生堵塞时及时疏通
凹模碎裂或刃口被啃坏	(1) 凹模淬火硬度太高。 (2) 凸模松动与凹模不垂直。 (3) 紧固件松动，致使各零件发生位移。 (4) 导柱、导套间隙发生变化。 (5) 凸模进入凹模太深或凹模有倒锥。 (6) 凹模与压力机工作台面不平行	(1) 更换凹模。 (2) 重新调整、装配。 (3) 紧固各紧固件，重新调整模具。 (4) 修理导向系统。 (5) 调整压力机闭合高度，或更换凸、凹模。 (6) 重新在压力机台面上安装冲模
送料不通畅或被卡死	(1) 导料板之间位置发生变化。 (2) 有侧刃的连续模，导料板工作面和侧刃不平行或条料被卡死。 (3) 侧刃与侧刃挡块松动。 (4) 凸模与卸料孔间隙太大	(1) 调整导料板位置。 (2) 重装导料板。 (3) 修整侧刃挡块，消除之间的间隙。 (4) 重新补焊、修整卸料孔

8.3.2　弯曲模的故障与修理

弯曲模的常见故障及修理方法如表 8-13 所示。

表 8-13　弯曲模的常见故障及修理方法

故障现象	产生原因	修理方法
弯曲制品零件形状和尺寸超差	(1) 定位板或定位销位置变化，或磨损后，定位不准确。 (2) 模具内部零件由于长期使用后松动或凸模被磨损	(1) 更换新的定位板或定位销，或重新调整使定位准确。 (2) 紧固零件，修整或更换凸、凹模
弯曲件弯曲后产生裂纹或开裂	(1) 凸模与凹模位置发生偏移。 (2) 凸、凹模长期使用后表面粗糙。 (3) 凸、凹模表面本身有裂纹或破损	(1) 重新调整凸、凹模。 (2) 修整、抛光。 (3) 更换凸、凹模
弯曲件表面不平或出现凹坑	(1) 凸、凹模表面粗糙。 (2) 在冲压时，有杂物混入凹模中，碰坏凹模或使制品每次冲压时有凹坑。 (3) 凸、凹模本身有裂纹	(1) 抛光、修磨。 (2) 每次冲压后，要清除表面杂物。 (3) 更换凸、凹模

8.3.3　拉深模的故障与修理

拉深模的常见故障及修理方法如表 8-14 所示。

表 8-14　拉深模的常见故障及修理方法

故障现象	产生原因	修理方法
拉深制品的形状及尺寸发生变化	(1) 冲模上的定位装置磨损后变形或偏移。 (2) 凸、凹模间隙变大。 (3) 冲模中心线与压力机中心线以及与压力机台面垂直度发生变化	(1) 更换新的定位装置或调整模具相关零件。 (2) 修整或更换凸、凹模。 (3) 卸下模具，调整后重新在压力机上安装模具
拉深件出现皱纹或裂纹	(1) 凸、凹模表面有明显的裂纹，或凸、凹模破损后变形或偏移。 (2) 凸、凹模间隙变大。 (3) 冲模中心线与压力机中心线以及与压力机台面垂直度发生变化	(1) 更换凸、凹模。 (2) 在凸模上镀铬，减小间隙。 (3) 卸下模具，调整后重新安装模具
制品表面出现擦伤或划伤	(1) 凸、凹模部分损坏，有裂纹或表面碰伤。 (2) 冲模内部不清洁，有杂物进入。 (3) 润滑油质量差或混入杂质。 (4) 凹模圆角被破坏或表面粗糙	(1) 更换凸、凹模。 (2) 清除冲模内部的杂物。 (3) 更换润滑油。 (4) 修整凹模圆角并抛光表面

8.3.4　冷挤压模的故障与修理

冷挤压模的常见故障及修理方法如表 8-15 所示。

表 8-15　冷挤压模常见故障及修理方法

故障现象	产生原因	修理方法
制品被拉裂	(1) 凸、凹模的中心轴线发生相对位移。 (2) 凸模的中心轴线与机床台面不垂直	(1) 重新调整凸、凹模的相对位置。 (2) 在压力机上重新安装冲模，使其中心轴线垂直于工作台面
制品从冲模中取不下来	(1) 冲模的卸料装置长期使用后，内部机构相对位置变化或损坏。 (2) 润滑油太少，或毛坯未经表面处理。 (3) 模具内外压力不平衡	(1) 更换或调整卸料装置。 (2) 正确使用润滑剂或处理毛坯表面。 (3) 保持模具内外压力平衡
凸模被折断	(1) 毛坯端面不平或凸、凹模之间间隙过大，凸、凹模不同心。 (2) 表面质量降低，有划痕或磨损，引起应力集中。 (3) 工作过程中，反复受压缩应力与拉应力影响	(1) 保证毛坯端面平整，凸、凹模同心度应小于 0.15 mm，凹模与毛坯间隙应控制在 0.1 mm 左右。 (2) 抛光凸、凹模表面。 (3) 更换凸模，选用高强度、高韧性材料
凹模碎裂	(1) 模具零件表面质量差。 (2) 模具零件硬度不均匀。 (3) 模具零件截面过渡处变化大。 (4) 模具零件加工质量差。 (5) 组合凹模的预应力低。 (6) 润滑不良。 (7) 表面脱碳	(1) 采用氮化处理，强化表面层。 (2) 改善热处理条件，使表面硬度均匀。 (3) 改善凹模，重新制造凹模。 (4) 改善加工质量，增大过渡圆弧。 (5) 增大组合凹模的预应力。 (6) 提高坯料的润滑质量。 (7) 热处理采取防脱碳措施或盐浴炉加热

8.4　注射模、压铸模的维护和修理

注射模、压铸模与冲压模一样，在使用过程中也经常会出现这样那样的故障，需要专业模具维修人员进行必要的维护与维修。

8.4.1　注射模具的维护和修理

1. 注射模具的维护

(1) 保护型腔表面。型腔的表面不允许被钢件碰划，必要时也只能使用纯铜棒帮助制品出模；当需要擦拭时应使用干净的棉布或棉花。有些表面有特殊要求的模具，如型腔表

面粗糙度为 $R_a \leqslant 0.2~\mu m$，并经镀镍处理，操作者应佩戴丝绸手套触碰型腔，不允许用手直接触摸。

(2) 滑动部位应适时、适量加注润滑油脂，导柱、导套、顶杆、复位杆等间隙配合零件要适时喷涂润滑剂或加注润滑油脂，保证这些活动件运动灵活，防止紧涩咬死。但油脂加注得不宜太多，否则塑料件上留有油污，影响生产和塑件质量。

(3) 要定期清洗和抛光型腔表面。塑料在成型过程中往往会分解出低分子化合物腐蚀模具的型腔，使得光亮的型腔面逐渐变得暗淡无光从而降低塑件质量，因此需要定期用丙酮或酒精擦洗，擦洗后要及时吹干。

(4) 型腔表面要按时进行防锈处理。一般模具停用 24 h 以上都要进行防锈处理，涂刷无水黄油或喷涂专用防锈剂；停用时间较长(一年之内)时，除喷涂防锈剂外，还要定期检查。在喷防锈剂之前，应用棉纱把型腔或模具表面擦干净并用压缩空气吹干，否则效果不好。

(5) 应适时更换易损件。导柱、导套、顶杆、复位杆等活动件因长时间使用而有磨损，需定期检查并及时更换，一般在使用 30 000～40 000 次左右就应检查更换，保证滑动配合间隙不能过大，避免塑料流入配合孔内而影响制件质量，严重的会拉伤模具。

(6) 要及时修复型腔表面的局部损伤。发现型腔的局部有严重损伤时，一般采用黄铜、CO_2、气体保护焊等办法焊接后，靠机械加工或钳工修复打光，也可以用嵌镶的方法修复。对于皮纹表面的修复，则不能采用焊接或嵌镶等方法，而应采用特殊工艺进行处理，如利用模具钢材的塑性变形修复损坏表面，然后再进行局部腐蚀。

(7) 注意模具的疲劳损坏。在注射成型过程中模具会产生较大的应力，而打开模具取出制件后内应力即消失，模具受到周期性内应力作用易产生疲劳损坏，应定期进行消除内应力的处理，防止出现疲劳裂纹。

(8) 模具表面粗糙度的修复。一般注射模的型腔表面会越用越光滑，制品会越做越好，模具经试模合格后会越来越好用。但也有一些模具由于塑料中低分子的挥发物的腐蚀作用，使得型腔表面变得越来越粗糙，从而导致制品质量下降，这时应及时对型腔表面进行研磨、抛光等处理，有的还要退去镀层，重新抛光后再镀，然后再进行研磨、抛光。

2. 注射模具修理的几种常用方法

(1) 堆焊修理。它是采用低温氩弧焊、手工电弧焊等方法在需要修复的部位进行堆焊，然后再作修整，它主要用来修理局部损坏或需要补缺的地方。当采用手工电弧焊时，应对焊接的周围进行整体预热(40～80 ℃)与局部性预热(100～200 ℃)，以防焊接时局部成为高温区而容易发生裂纹和变形等缺陷。此外，为了提高焊接的熔接性能，被焊处在堆焊前整体上最好加工出约 5 mm 深的沟槽或中心钻孔等，如图 8-1 所示。焊接时要防止火花飞溅到其他部位，尤其是型腔表面更要当心在焊接时出现新的损伤，通常喷涂专用飞溅剂或覆盖布片等物品。

(2) 镶件修理。镶件修理是指利用铣床或线切割等加工方法，将需要修理的部位加工成凹坑或通孔，然后用一个镶件嵌入凹坑或通孔内达到修理的目的。这种方法不像焊接那样会产生变形，但镶件拼缝会在制品上留有痕迹。此外，进行镜面抛光或花纹加工时，虽然各镶件的材料相同，仍容易在表面产生不同状况。

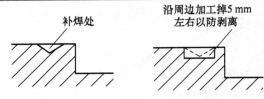

图 8-1　需补焊部位加工出沟槽

(3) 扩孔修理。当各种杆类零件的配合孔因滑动而磨损时，可采用扩大孔径及增大相应杆径与之配合的修理方法。

(4) 凿捻修理。如图 8-2 所示，当模具的型腔表面局部有浅而小的伤痕时，可以利用小锤子和錾子在离开型腔部位 2～3 mm 处进行凿捻，使型腔表面的某一部分变形而增高；也可以采用局部钻孔打入紫铜钉，然后通过修光达到修理的目的。

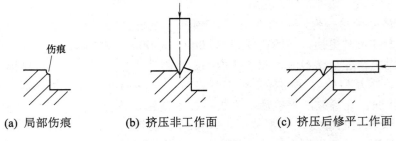

(a) 局部伤痕　　　(b) 挤压非工作面　　　(c) 挤压后修平工作面

图 8-2　凿捻修理

(5) 增生修理。当型腔面的局部因加工过程失误或其他原因出现损坏，采用焊接、镶件或凿捻修理都不适宜的情况下，可以采用增生修理，如图 8-3 所示。在离型腔部分 3～5 mm 处钻一个孔，再把销子插入孔内，在加热修整部分的同时，用锤子敲击销子，使其局部增生，长出亏缺的料，然后再进行修正，达到修理的要求。采用此法要注意增出量和敲击力不要过大，否则容易产生裂纹。插入孔内的销子最后应焊牢或用螺钉固定住。

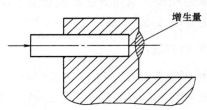

图 8-3　增生修理

(6) 电镀与化学镀修理。电镀与化学镀主要用于提高表面光洁度、增加硬度及耐腐蚀性等要求的型腔和型芯零件上。电镀作为模具修理的一种方法只适用于要求整体塑件壁厚适当变小的场合，这是由于型腔或型芯通过电镀后，其表面会镀上金属镀层，从而达到减小塑件壁厚的目的。

电镀和化学镀的方法有许多种，应用在模具方面主要有电镀铬和化学镀镍。

电镀铬分为获得美观和光泽效果的装饰镀铬、镀硬铬两种。装饰镀铬一般先在钢表面上镀铜(层厚约 20 μm)、镍(层厚为 10 μm)，然后再镀铬(层厚为 0.5 μm 左右)。镀硬铬时一般不进行底层处理，镀层厚度为 5~80 μm。注射模中镀层厚度常为 100~125 μm，镀层的硬度可达 60 HRC 以上。

化学镀镍是一种不使用电，而把工件浸渍在金属溶液中进行化学镀的一种方法。一般镀层厚度为 125 μm，误差在 10%以下。

(7) 注射模的维护保养周期如表 8-16 所示。

表 8-16　注射模的维护保养周期

	检查项目	每　天	15 天	1 个月	3 个月	6 个月至 1 年
1	主流道衬套的松动					○
2	模具型腔面渗水	○				
3	紧定螺钉是否松动			○		
4	顶杆弯曲、磨损、咬死		○			
5	滑动型芯动作、导柱和导套加油			○		
6	脱模的动作协调	○				
7	模具表面质量				○	
8	模具拆卸检查(检查内容有：除锈，除油，润滑，型腔磨损，密封件、孔、销的溢料飞边及其他多余物，冷却水垢的清除等)					○

注：表中圆圈表示检查项目与周期的对应关系。

8.4.2　压铸模的维护和修理

压铸模是在急热急冷的条件下工作的，模具的平均使用寿命比其他模具低得多。因此，延长压铸模的使用寿命意义重大，具体对策如下。

(1) 使用适当的压射速度。压射速度太高，促使模具腐蚀，型腔和型芯上沉积物增多；压射速度太低，易使铸件产生缺陷。对于镁、铝、锌相应的最低压射速度分别为 27 m/s、18 m/s、12 m/s，铸铝的最大压射速度不应超过 53 m/s，平均压射速度为 43 m/s。

(2) 模具的厚模板尽可能采用整块料而不用叠加板的方式来保证厚度。因为钢板厚度增加 1 倍，弯曲变形量就减少 85%，叠层只起叠加作用，厚度与单板相同的两块板弯曲变形量是单板的 4 倍。

(3) 电加工后型腔表面的淬硬层和加工表面应力应及时清除。否则模具容易在使用过程中产生龟裂、点蚀和开裂。消除淬硬层和去除应力，可用油石或研磨的办法去除表层，也可以在不降低硬度的情况下，用低于回火温度的去应力回火来消除。

(4) 严格控制铸造工艺流程。在工艺许可的范围内，尽量降低铝液浇铸温度、压射速度、提高模具的预热温度。如铝压铸模的预热温度由 100~130 ℃提高至 180~200 ℃，模具寿命可大幅度提高。

(5) 清除型腔、型芯上的沉积物时,应采用研磨或机械去除,不能用喷灯加热清除。因为用喷灯加热可能导致模具表面局部软点或脱碳点的产生,从而成为热裂的潜在因素。研磨或机械去除,以不伤害其型面和尺寸变化为原则。

(6) 经常保养可以使模具保持良好的使用状态。建议新模在试模后,无论试模合格与否,均应在模具未冷却至室温的情况下,进行去应力退火。当新模具使用到设计寿命的 1/6～1/8 时,即铝压铸模使用 10 000 模次,镁、锌压铸模使用 5 000 模次,铜压铸模使用 800 模次,应对模具型腔及模架进行 450～480 ℃回火,并对型腔抛光和渗氮,以消除内应力和型腔表面的轻微裂纹。以后每 12 000～15 000 模次进行同样保养。当模具使用 50 000 模次后,可以每 25 000～30 000 模次进行一次保养。采用上述方法,能明显减缓由于热应力导致龟裂的产生速度和时间。

(7) 对于冲蚀和龟裂较严重的情况,可以对模具表面进行渗氮处理,以提高模具表面的硬度和耐磨性。渗氮基体的硬度在 35～43 HRC 时,易引起型腔表面凸起部位的断裂。渗氮层厚度适中,一般不超过 0.15 mm。应注意渗氮表面不应有油污,因为油污会导致渗氮层不均匀。

(8) 采用焊接方法修补模具的开裂和缺损部分。焊接修复是一种常用的方法,在焊接前,应先了解被焊接模具的材质,并用机械加工或磨削的方法去除表面缺陷,对焊接表面进行清洗并烘干。所用焊条应同模具钢成分一致,模具和焊条要一起预热(4Cr5MoSiV 为 450 ℃),当表面和心部温度一致后,在保护气体(常用氩气)下进行焊接修复。焊接过程中,当温度低于 260 ℃时,需重新加热。焊接后,当模具冷却至用手可触时,再加热至 475 ℃,按 25 mm/h 保温。然后在静止空气中完全冷却,最后进行型腔的修整和精加工。

模具焊接后进行回火处理,是焊接修复中的重要环节,即消除焊接应力。

压铸模在使用过程中的常见问题、产生原因及改进措施如表 8-17 所示。

表 8-17　压铸模在使用过程中的常见问题、产生原因及改进措施

常见问题	产生原因	改进措施
开裂或粗裂纹	(1) 设计不合理,有尖棱尖角。 (2) 模具预热不好、温度低。 (3) 热处理不良。 (4) 型腔表面硬度太高,韧性差。 (5) 操作不当,使模具存在较大应力	(1) 改进设计,尽可能加大圆弧。 (2) 提高预热温度。 (3) 重新热处理。 (4) 回火降低硬度。 (5) 按正常操作规程操作
龟裂	(1) 模具温度低、预热不足。 (2) 型腔表面硬度低。 (3) 型腔表面应力高。 (4) 型腔局部脱碳	(1) 提高预热温度。 (2) 型腔淬火、渗氮,提高硬度。 (3) 回火消除表面应力。 (4) 去除脱碳层后渗氮
磨损冲蚀	(1) 型腔表面硬度低。 (2) 表面脱碳。 (3) 型腔表面残余应力高。 (4) 浇铸速度过快。 (5) 铝合金溶液熔融温度高	(1) 淬火、渗氮,提高硬度。 (2) 去除脱碳层后渗氮。 (3) 回火消除应力。 (4) 在工艺范围内,降低压射速度。 (5) 在工艺范围内,降低液温

常见问题	产生原因	改进措施
粘模拉伤	(1) 设计与使用模具材料不合理。 (2) 热处理硬度不足。 (3) 型腔表面粗糙。 (4) 有色金属液中含铁量大于 0.6%。 (5) 所用脱模剂不合格、过期或不纯净，含有杂质。 (6) 浇铸速度过快	(1) 改进设计和重新选用材料。 (2) 重新进行热处理，提高硬度。 (3) 精抛型腔表面，抛光纹理方向与出模方向一致。 (4) 降低铁元素的含量。 (5) 重新换一种合格的脱模剂。 (6) 在工艺范围内，降低压射速度

8.4.3　注射模、压铸模模具其他方面损坏的修理

压铸模具除以上损坏形式与修理方法外，对螺孔、销孔和定位零件也经常进行维修。

1. 螺纹孔和销钉孔的修理

螺纹孔和销钉孔损坏或设计、加工位置不合适需进行修理或改动，其修理方法如表 8-18 所示。

表 8-18　螺纹孔和销钉孔的修理

修理项目	简　图	修理方法及特点
螺孔损坏	改成大孔	第一种方法：扩孔修理法，即将损坏的螺孔扩大改成直径较大的螺孔后重新选用相应的螺钉。 优点：修理简单方便，牢固可靠。 缺点：所有螺钉过孔包括沉头孔等要重新加工，螺钉也需更换，加工比较麻烦
	镶柱塞 孔口铆平	第二种方法：镶嵌柱塞法，即将损坏的螺孔扩大成圆柱孔，镶嵌入柱塞，然后再重新按原位置原大小加工螺孔。要求镶嵌的柱塞与孔大过盈配合或孔加热后装入柱塞，保证螺钉旋入螺孔时，柱塞不能跟着转。 优点：不需要换新螺钉，其他件也不需扩孔或锪孔。 缺点：比较费时，使用效果不如第一种方法

续表

修理项目	简　图	修理方法及特点
销孔损坏	$d_{改前}$　　　$d_{改后}$	第一种方法：扩大直径修理法，即更改损坏的销孔，将直径扩大到一定尺寸(销钉穿过的其他板件上的孔也相应扩大)，保证新销钉与孔的配合。 优点：精度较高，配合可靠，应用得较多
		第二种方法：加柱塞法，即将原销孔扩大后，通过压入柱塞并铆接两端或是旋入螺柱塞，再加工成原先孔径大小的销孔，保证销钉与孔配合合理。此法只改动销孔损坏的那块板，其他板件上的销孔不用变动
		第三种方法：更换销钉法，即对于有些销钉孔稍偏大的情况，可以选用直径合适的销钉或定做销钉直接更换。此法适用于销孔磨损过大的情况

2. 定位零件的修理

定位零件如定位销、定位钉、定位板和级进模中的导料板、侧刃挡块和导正销等，修理方法如表 8-19 所示。

表 8-19　定位零件的修理方法

修理方法	损坏原因	修理方法
定位销、定位钉、定位板、导正销	长期使用后磨损或定位板紧固螺钉、销钉松动使定位不准	(1) 更换新的定位钉、定位销或导正销，重新调整使用。 (2) 重新调整紧固螺钉和销钉，使其定位准确。 (3) 若定位销孔已磨损变形，可在原孔位置用直径大一点的钻头扩孔，然后压入柱塞再重新调整加工销孔，保证定位准确
级进模中的导料板、侧刃挡块	长期使用与条料摩擦、磨损，使尺寸精度降低，影响导向和冲件质量 导板　螺钉　螺钉 平镶块螺钉固定　带燕尾镶块	修理时，可以用卡尺、量块先检查一下导料板间的尺寸和磨损情况，再检查侧刃挡块的磨损和松动情况。若属于一般松动，只需重新调整位置；若属于比较严重的磨损，如挡块可以换新的，导料板则要重新磨平后再调整，仍可继续使用。对于导料板的进料口磨损严重的地方，可以镶上淬硬块解决磨损问题。淬硬镶块可以用螺钉与导料板连接，也可以用燕尾镶块相连

8.5　影响模具寿命的因素和提高模具寿命的措施

模具寿命是衡量模具技术水平的重要因素。模具寿命低，则制品精度保持性差，产品质量粗糙，同时浪费大量的金属和加工工时，增加制品的成本，降低生产效率，影响产品的发展和竞争力。

8.5.1　影响模具寿命的主要因素

模具失效的原因很多，主要以磨损、变形、疲劳、断裂 4 种形式为主。而影响模具寿命的因素主要是模具材料、热处理、模具结构设计、加工研磨精度、润滑等，这些因素之间相互影响又互为因果，要想提高模具的使用寿命，就必须综合考虑。实践证明：提高模具使用寿命，是降低制件成本、提高效率的重要途径。

模具的耐用度高低，是模具使用寿命长短的具体表现。其耐用度的高低，是由模具在工作一段时间以后，工作部位原有尺寸精度和制件质量的损失来衡量的。模具耐用度和使用寿命的影响因素如表 8-20 所示。模具失效各种原因所占的百分比如表 8-21 所示。

表 8-20　影响模具耐用度和使用寿命的因素

影响因素	具体内容
模具使用因素	(1) 制品的结构工艺性不合理。 (2) 制品工艺程序安排不合理。 (3) 制品材料质量影响。 (4) 压力机的精度不高。 (5) 模具在压力机上安装不合理、操作者技术水平低。 (6) 模具润滑状况不良
模具本身因素	(1) 模具本身设计结构不合理。 (2) 工作零件(凸模、凹模、型腔)所用材料优劣程度，模具制造与装配精度高低。 (3) 工作零件配合精度。 (4) 导向装置的质量

表 8-21　模具失效各原因的百分比

失效因素	材料	热处理	结构设计	加工工艺	润滑	机床设备	其他
百分比/%	10	50	10	7	8	5	

注：此表只是根据实践得出的统计参考值。

8.5.2　提高模具寿命的措施

1. 合理选用模具材料

根据不同的生产批量、生产方式和加工对象，选用合理的模具材料，能获得较高的模具寿命和较大的经济效益。其选用原则如表 8-22 所示。

表 8-22　模具材料选用原则

模具工作状态	材料选用原则(工作零件)
大批量和高效率生产的模具	要选用高寿命的模具材料,如硬质合金、钢结硬质合金、高强韧与高耐磨合金模具钢
中批量生产的模具	选用通用模具钢,如 T10A、Cr12、Cr12MoV、3Cr2W8、5CrNiMo、5CrMnMo
小批量或新产品试制性模具	锌合金、铋锡低熔点合金,聚氨酯橡胶等经济性模具材料
易变形失效模具	选用足够的强度和稳定性的模具钢
易磨损的模具	选用高硬度模具钢材料
易断裂失效模具	选用足够韧性的模具材料
塑料模具	选用易切钢、抛光性能好的模具材料
锻模	选用耐高温和抗冷热疲劳性能的模具材料

为了提高模具的使用寿命,目前研制出了很多模具新钢种,适用于不同类型的模具,在选用时应尽量使用这些新钢种。新钢种的特性与应用如表 8-23 所示。

表 8-23　新钢种的特性与应用

新钢种名称	特点与性能	应用范围
65Cr4W3Mo2VNb(65Nb)	(1) 合金元素含量比高速钢含量减少 50%,但抗弯强度、冲击韧度和断裂韧度等性能优于高速钢。 (2) 淬火温度较宽,在 1100～1170 ℃温度区域内淬火晶粒变化不显著。有较高的回火稳定性,经氮化处理后可有效地强化模具表面,提高使用寿命。 (3) 热塑性良好,锻造温度宽,对 ϕ 50 mm 以下的原材料可不进行改锻	适于制造要求韧性较高的冷挤压模和冷锻模
5CrMo3SiMoVAl(012A1)	(1) 具有较高的冲击韧度和较好的工艺性能。 (2) 最佳淬火温度为 1090～1120 ℃,经 510 ℃回火两次,硬度值可达 60～62HRC,当用在热模时,可在 580～600 ℃回火两次,硬度可达 52～54 HRC。 (3) 具有高的抗压疲劳强度	适于制造冷镦、冷挤、冲模和型腔模具
6Cr4Mo3Hi2WV(CG2)	(1) 具有高的断裂韧度及冲击韧度,强度性能较高。 (2) 退火硬度偏高,锻造塑性较差,要求严格控制锻造工艺和退火工艺	适于制造冷镦、冷挤冲压模具
7CrMo3V2Si(LD)	具有较高的抗弯强度和抗压强度,耐磨性好,并有一定的韧性,工艺性能好	适于制造冷镦、冷挤、冲模和型腔模具
Cr4W2MoV(102)	热处理工艺简便,变形小,使用寿命比 Cr12 型钢高 1～8 倍	适于制造冷冲、冷挤凹模

续表

新钢种名称	特点与性能	应用范围
5CrW5Mo2V(RM12)	具有较高的热强性、热稳定性和良好的工艺性能	精锻模，冷挤、冲模和冷热模具兼用
7CrSiMnMoV (CH－1)	属火焰加热，空冷淬硬冲压模具钢，既可采用整体加热油冷淬火，也可以用乙炔气对模具型腔加热、空冷表面淬火。具有较好的韧性和抗压强度，是一种微变形钢。在同样条件下，寿命比 Cr12MoV 钢高两倍	适于制作中厚板落料模、切断模和冲孔模
8CrMnWMo (vs)	组织细密，易切削，工艺性好，变形小	塑料模
GR	热稳定性好，高温下强度高	热锻、精锻模和压铸模

2．合理设计模具结构

先进合理的模具结构是提高模具寿命的保证。模具设计的原则是保证足够的强度和刚性，保证上、下模对中性与合理的冲裁间隙，并减少应力集中。

(1) 模具各部分的尺寸应根据加工零件尺寸和受力大小进行合理计算和试验。为了确定合理的强度、刚性和各种结构参数，采用计算机辅助计算与设计。

(2) 对于高速冲裁模、硬质合金连续模、多型腔复杂塑料模、精密锻模等，应力、强度要计算准确，并合理确定各参数。

(3) 对于凸模设计要注意导向支撑、对中保护。对细小冲头，要采用保护套进行保护。

(4) 对于模架，为防止挠曲变形可适当增加模板厚度。

(5) 为了减少应力集中，尖角部位及窄槽等部位要圆弧过渡。当圆角从 1 mm 增大到 5 mm 时，应力可减少 40%。

(6) 设计模具时，尽量使工作零件采用镶拼结构或工作部分与基体采用不同材料制成，这样既保证了强度，又保证了耐磨性，避免应力集中，降低模具材料费用。

(7) 为了使模具应力分布均匀，冷挤凹模最好采用钢丝缠绕结构，这样可有效地提高模具寿命。

(8) 合理选用冲裁模的间隙值。目前，各国的间隙值为：日本为料厚的 6%～24%；美国为 22%～44%；我国模具的间隙由原来料厚的 6%～10%增大到 16%～22%。实践证明：合理放大间隙，可使冲裁模具寿命显著提高。

(9) 设计时，对模具采用减少振动的措施，也是提高模具寿命的主要途径之一。如把冲裁刃口设计成斜刃口，增加缓冲或凸、凹模选用不同材料及硬度，能有效提高模具耐用度。如凸模用工具钢、凹模用硬质合金，其使用寿命可比采用同种材料的提高 5～6 倍。

3．选用合理的加工方法

模具加工精度高低和加工方法对模具寿命影响较大。为了提高模具的使用寿命，在加工中应采用以下措施。

(1) 毛坯应反复镦拔和锻造。型腔模最好采用冷挤或超塑成型，这样可使模具零件内部纤维连续、组织细密，消除硬化偏析，增加耐用度。

(2) 采用陶瓷型精铸模具型腔，可以根据不同对象调整铸造液态钢成分，可提高使用寿命 1 倍以上。

(3) 为了减少磨削应力，磨削后可在 260～315 ℃溶液中泡 90 s，然后在 30 ℃油中冷却或在 510～570 ℃中皂化处理。

(4) 模具精加工后，要进行研磨抛光。表面粗糙度每提高一级，则寿命可提高 0.5 倍。因此，模具零件精加工后，应采用机械抛光及超声抛光，尽量使模具零件工作表面有较低的表面粗糙度值。

4. 采用模具表面强化技术

为了提高工作部位的表面硬度、耐磨性和降低摩擦系数，可对其施行各种表面处理与化学处理技术。

1) 渗氮处理

模具零件通过渗氮，可提高其耐热性与耐磨性。但渗氮处理只适于高铬冷作模具钢和高速钢。其表面氮化层硬度可达到很高。一般碳素钢不施行渗氮。其渗氮工艺参见表 8-24。

表 8-24　渗氮工艺

序　号	渗氮方法	工艺说明	效　果
1	气体渗氮	在 525 ℃温度下，渗 10～90 h。如 Cr12MoV：先经 (1020～1040 ℃)淬火，540 ℃回火，然后在 525 ℃环境下进行渗氮。渗氮时间不可过长，否则渗层会变脆	可获 0.3 mm 渗层，表面硬度达 HV1000～1100，心部硬度仍保持 54～58HRC
2	辉光离子渗氮	Cr12MoV 钢拉深模：淬火后镀硬铬，但耐磨性差，镀层易脱落。这时，可将其预先调质，在 520～540 ℃环境下，进行 8 h 离子渗氮。W6Mo5Cr4V2 冷挤冲头，在 500～550 ℃环境下，进行 2 h 离子渗氮	Cr12MoV 钢拉深模的耐磨性提高 5 倍，使用寿命提高数十倍；W6Mo5Cr4V2 冷挤压冲头寿命提高 2～3 倍
3	氮碳共渗	氮碳共渗：温度为 550～570 ℃。 (1) 盐浴法：高速钢丝在盐浴中氮碳共渗，应小于 1 h。 (2) 气体法：时间为 2～3 h。如 Cr12MoV 钢冲裁凹模，经 540 ℃、4h 氮碳共渗。 (3) 流动粒子法：在 550～570 ℃流动粒子炉中，通以 40%的氮，适于各种模具钢的氮碳共渗。 (4) 向炉中定期投入尿素球：在 570 ℃炉中，定期投入尿素球可获得氮碳共渗效果	提高表面硬度与耐磨性

2) 渗硫处理

对淬火并回火后的模具施行渗硫处理，可提高耐磨性、降低摩擦系数。渗硫处理只适于成型模，不适于冲裁模。

固体法渗硫主要在 FeS、Na_2SO_4 的混合粉中进行；液体渗硫主要在添加含硫化合物的中性盐浴中进行。温度在 550～590 ℃ 范围内，时间为 1～3 h，具体方法参见有关的热处理资料。

3) 渗金属处理

在模具表面靠加热扩散方式渗 Cr、Mo、W、V、Ti、B 等金属，可提高耐热性、耐磨性。渗金属的模具，一般还应进行淬火、回火处理，以提高基体性能。

模具常用渗金属的方法如表 8-25 所示。

表 8-25　模具常用渗金属的方法

序　号	项　目	工艺说明	效　果
1	渗铬	(1) 在通 H_2、N_2 气体的铬粉中或通入卤化物气体的铬粉中渗铬，温度为 950～1000 ℃。 (2) 在含 60%铬粉、37%Al_2O_3 和 3%NH_2Cl 混合粉末中渗铬。将模具零件装入盛有上述渗剂的铁箱中，在 950～1050 ℃环境下渗 8～15 h，可获 0.05～0.15 mm 的渗铬层	渗铬层具有耐磨、耐酸和耐热性能。渗铬后的模具零件在耐磨性与硬度上均有很大提高
2	渗钒、铌、钛	(1) 在钒粉、钒铁粉和 Al_2O_3 的混合渗剂中进行，在渗钒的过程中，应通以 H_2 或卤化物气体(如 HCl)，温度为 1100～1500 ℃。 (2) 在 95%的钒铁粉和 5%的 NH_2Cl 中渗钒。 (3) 在硼砂、盐浴中渗钒和渗铌：将钒铁粉和铌铁粉加入熔融硼砂浴中，并搅拌均匀，温度为 900～1000 ℃，时间为 3～5 h，渗后的模具缓缓升温到淬火温度，稍加保温后直接淬火	渗钒可提高模具的硬度和耐磨性以及抗腐蚀能力，渗后可提高模具寿命 2～5 倍以上
3	渗硼	(1) 固体渗硼：采用装箱法。渗剂可用 B-Fe 或 B_4C 与 SiC、Al_2O_3 的混合物，亦可添加少量的 KBF4 或 Na_2SiF_6。 (2) 液体渗硼：采用 $Na_2B_4O_7$、SiC、Na_2SiF_6 或 $Na_2B_4O_7$、KCl、Na_2SiF_6 混合物，温度为 850～1050 ℃，时间为 2～3 h	提高模具表面硬度与寿命

4) 真空渗铬处理

真空渗铬处理如表 8-26 所示。

表 8-26　模具的真空渗铬工艺

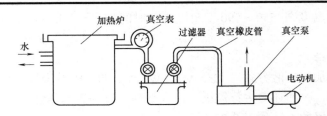

项　目	内　容
真空渗铬原理	金属铬汽化温度在 917 ℃以上，气压在 0.01 mm 汞柱状态下，能产生较大的蒸气压力。大量的铬原子向凸模与凹模表面沉淀并进行扩散，在其表面上形成一层结合牢固的铬-铁-碳合金层。模具渗铬后具有很高的抗氧化、耐磨性等优点，渗铬大大提高了模具的使用寿命
使用设备	(1) 加热炉：22～30 kW 的井式电炉，炉膛尺寸为底面直径 ϕ350 mm，高 270 mm。炉口用耐油橡皮圈密封。 (2) 真空泵：65 m³/h 柱塞式真空泵。 (3) 过滤器：为防止炉内铬粉抽入真空泵，可制成 350 mm×200 mm×250 mm(用 3～4 mm 厚的铁板焊接)的过滤器。 (4) 真空表：转动式真空表或 U 形管。 (5) 真空橡皮管
渗铬剂配制	(1) 配方：铬粉(50%)+高岭土(40%)+氯化氨。 铬粉：300 目，98%纯度，化学试剂。 高岭土：300 目化学试剂。 氯化氨：化学试剂。 (2) 配制方法：先将铬粉、高岭土在 200 ℃以下温度内烘干，按比例加入氯化氨后，球磨 16～24 h，使之搅拌均匀后，再经 200 ℃烘干，并用 200 目筛子过筛，即可使用
工艺过程	(1) 将模具零件去油、去锈，并在 200 ℃温度下烘干。 (2) 将零件埋入渗铬剂中(在真空渗铬罐内)，零件与零件之间间隙在 10 mm 以上。 (3) 将渗铬罐吊入井式炉中加热。 (4) 加热规范：960 ℃。 (5) 保温时间：6～8 h。 (6) 零件随炉加温至 960 ℃，同时将炉内抽成真空度为 0.01 mmHg 的真空，抽真空的时间为 15 min，要求在零件达到 960 ℃以前抽完，然后关闭真空阀，始终保持炉内真空度和温度(保温 2 h)。 (7) 降温至 800 ℃时夹紧橡皮管，零件随炉冷至 100 ℃以下时出炉
渗铬后的检查	(1) 零件表面呈银灰色、无斑点、无黏接现象。 (2) 试样经 30%硝酸浸蚀 15 min 应无气泡，经 15%硫酸铜溶液浸蚀 15 min 应无铜色析出。 (3) 检查零件尺寸和表面硬度
渗铬后的热处理	为提高模具零件的强度，渗铬后应经正火、淬火、回火处理，以达到硬度要求。其热处理规范可按其钢号的正常热处理进行

5) 硬质合金堆焊冲模

用硬质合金堆焊冲模，主要是用来强化新制造及修理中的凸、凹模工作表面及工作刃口。凸模与凹模用电焊的方法覆盖一层硬质合金后，其耐用度可比普通冲模提高 3～5 倍。硬质合金堆焊工艺如表 8-27 所示。

表 8-27　硬质合金堆焊工艺

序　号	项　目	工艺说明
1	合金堆焊材料与设备	(1) 电焊条：上焊 60 A 电焊条，其化学成分为 W 约占 10%，C 约占 0.5%，Mo 约占 2.5%，V 占 0.5%～1%，Si 约占 0.2%，S 所占百分比不大于 0.04%，Cr 占 4～5%，Cp 所占百分比不大于 0.04%，这些成分相当于高速工具钢，堆焊后不需做任何处理即可使用。 (2) 设备：直流电弧焊机。 (3) 焊接规范：堆焊电流范围一般为 140～170 A 或 150～200 A，根据以上电流范围选择焊条电弧长度 1～2 mm。 (4) 母模准备：①新制造冲模，材料为 45 号钢；②修理的冲模，零件退火后，把磨损的刃口磨去，重新堆焊刃口；③粗加工时，留 2～3 mm 的加工余量，厚度留 1～2 mm 的变形余量
2	堆焊的工艺过程	(1) 清除需要堆焊的坯件工作部分和刃口的表面油污。 (2) 将坯件加热至 450～500 ℃，保温 1～2 h。 (3) 焊条在 250 ℃温度下，焙烘 2～3 h。 (4) 把加热的母模基体放在平面和回转工作台上。 (5) 按选择的电规准，接通电流进行手工电弧焊。 (6) 焊接时，焊条移动方向应自里向外，沿螺旋式轨迹运动，堆焊层数为 15～20 层。 (7) 每堆焊一次应清理一次，将上面的焊渣清除。要连续堆焊，间断时间不要太长
3	堆焊后的热处理	(1) 堆焊完毕后，要进行热处理，其硬度为 56～62HRC。 (2) 第一次回火是在全部堆焊完后进行，每次间隔不超过 8 h，使硬度不低于 54～58HRC。 (3) 退火范围：在箱式电炉中加热 860～870 ℃，保温 3～4 h，然后冷却至室温。 (4) 淬火与回火规范：第一次预热到 840～860 ℃，最后加热至 1240～1250 ℃，保温时间为 9～11min/mm。保温后冷却到 900 ℃，放入油中回火 2～3 次，其温度为 500～560 ℃，时间为 1 h，最后硬度为 56～60 HRC
4	注意事项	(1) 堆焊时，应合理选用电规准，电流不要太大，以免烧坏基体。 (2) 焊接表面要清洁。 (3) 采用优质焊条

6) 冲模刃口电火花强化工艺

采用电火花强化刃口工艺，可使冲模耐用度和使用寿命大幅度提高，一般可提高 2～5 倍。电火花强化刃口工艺如表 8-28 所示。

表 8-28　电火花强化刃口工艺

序　号	项　目	简　图	工艺说明
1	使用设备与材料	铜电极柄　电极头　$\phi 1.7 \sim \phi 2$　15	(1) 设备：国产手提式电火花强化机。 (2) 材料与工具：电极头部是用 YT15、YT30 硬质合金，长度为 15～20 mm，直径为 $\phi 1.7 \sim 2$ mm，而尾部用铜棒焊条
2	电规准的选择		凭操作者的经验来选择合适的电规准，表面强化的电容量越小，电流也越小，则硬质合金分布均匀紧密，冲模表面质量越好
3	操作工艺	3～5　5～6　3～5　3～5　90°	(1) 去除要强化的工作表面的油污和杂质。 (2) 将工件放在负极铜板上，操作者右手握住振动器，接通电源开关，调整到合适的电容量后，将电极在工作面上来回移动。 (3) 在强化时，先用高容量电规准强化一次，再用低容量电规准进行强化，这样可保证强化速度和表面质量。 (4) 电极往返移动的速度为 1.2～1.4 mm/s。 (5) 强化宽度：3～5 mm。 (6) 在强化时，电极应仔细地从工作面四周推向刃口，电极中心应和强化面垂直。 (7) 操作完毕后，关闭电源，并使电极与模体相碰以进行放电。 (8) 用油石刃磨修整刃口
4	强化后的检查	—	利用 5～10 倍放大镜检查。 (1) 硬质合金必须分布均匀，不能有漏空现象。 (2) 电极不能碰伤刃口，刃口不能有裂痕。 (3) 凸模与凹模表面应平整光滑
5	注意事项	—	(1) 操作者脚下一定要垫有绝缘橡皮垫，穿绝缘胶鞋，戴绝缘手套。 (2) 戴黑色防护眼镜。 (3) 电极移动要慢，强化过程要均匀

7)　模具工作表面镀硬铬

在型腔模、拉深模和弯曲模工作零件表面镀硬铬，可使模具寿命提高 2～3 倍。镀硬铬工艺如表 8-29 所示。

表 8-29　镀硬铬工艺

序　号	项　目	工艺说明
1	镀硬铬配方	铬酐：140～160 g/L 硫酸：1.4～1.6 g/L(密度 1.84) 三价铬：3～8 g/L 水：855.6～830.4 g/L
2	镀液温度和电流密度	温度：57～63 ℃ 电流密度：45～50 A/dm^2 电压：12 V
3	镀硬铬的注意事项	(1) 镀硬铬一定要按电镀工艺规程操作。 (2) 非镀层表面要涂以丙酮或塑料布包扎。 (3) 镀前要对模具表面进行除油处理。 第一种方法：电化学除油 NaCO$_3$　　40 g/L NaPO$_3$　　30 g/L NaOH　　2 g/L 用肥皂水调配 第二种方法：20%硫酸 (4) 模具表面质量要求较高时，应进行光亮腐蚀，在 H$_2$SO$_4$∶HNO$_3$ ＝2∶1 溶液中浸 20～30 s，用清水洗净后镀硬铬。 (5) 电镀后用毛尼布抛光处理，以提高零件的表面质量

8)　表面喷镀硬质合金

在模具零件容易磨损的地方，可以喷涂硬质合金来增加模的耐用度。实践证明：模具工作表面喷镀硬质合金，其耐用度可提高数倍。

喷涂硬质合金可采用电喷、气喷两种方法。目前采用的硬质合金是镍-铬-硼-硅(Ni-Cr-B-Si)。金属颗粒本身呈球形粉末，当粒度为 75 μm 左右时，用压缩电弧等离子喷涂；粒度在 100 μm 以上时，可用气喷。在喷涂前，应将工件预热至 300～350℃，喷好后放在砂箱中冷却。

5. 要注意合理的润滑

模具的工作条件一般比较苛刻，在高负荷、高速、高温下进行工作，磨损比较严重。在工作中润滑条件的好坏对模具寿命有较大影响。所以在使用模具时，一定要按工艺要求合理地对模具进行润滑和调整，以提高模具的耐用度与使用寿命。

本 章 小 结

本章全面介绍了各类模具的常见故障与维修方法，重点分析了冲压模具常见故障与维修方法，简要说明了提高模具寿命的措施，目的是引导学生对于损坏的模具进行分析，找出原因，制定维修方案，帮助学生在今后的工作中快速上手，早日成才。

思考与练习

1. 填空题

(1) 模具修配工艺过程包括_____、_____、_____、_____。

(2) 冲压模具工作零件损坏的形式有_____、_____。

(3) 冲压模具随机维护与修理的项目有_____、_____、_____、_____、_____。

(4) 注射模常用的修理方法有_____、_____、_____、_____、_____、_____。

(5) 压铸模常见的问题有_____、_____。

2. 简答题

(1) 简述模具修理工作是如何组织的。

(2) 简述模具螺纹孔、销钉孔损坏的修复方法。

(3) 简述变形模具零件的修整方法。

(4) 提高模具寿命的措施有哪些？

3. 应用题

(1) 如图 8-4 所示为冲压模具的凸模，制定修复工艺。

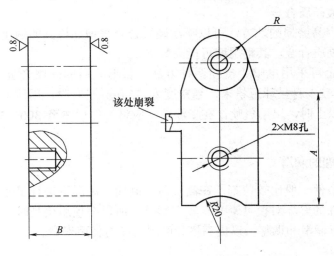

图 8-4　冲压模具凸模局部损坏

(2) 如图 8-5 所示为冲压模具的凹模，制定修复工艺。

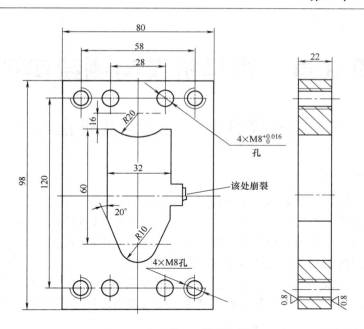

图 8-5　冲压模具凹模局部损坏

(3) 如图 8-6 所示为锻造模具的凹模，制定修复工艺。

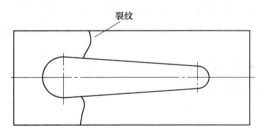

图 8-6　锻造模具凹模开裂

(4) 如图 8-7 所示为冲压模具的凸凹模，制定修复工艺。

(5) 如图 8-8 所示为注射模具的型腔，制定修复工艺。

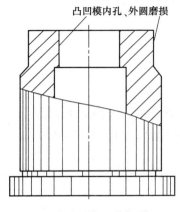

图 8-7　冲压模具凸凹模磨损

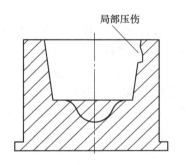

图 8-8　注射模具型腔压伤

第9章 模具拆装与测绘实训

9.1 冲压模具拆装与测绘实训指导书

1. 实训的目的和意义

(1) 通过冲压模具拆装实训,了解典型冲压模具的结构和工作原理。

(2) 了解组成冲压模具的零件名称及其作用、结构及常用材料和一般热处理要求。

(3) 熟悉各零件之间的装配关系、装配顺序、装配方法和装配工具的使用。

(4) 复习巩固机械制图与机械零件测绘的相关知识。

(5) 通过这一实践环节,增强感性认识,锻炼实践动手能力,提高分析问题和解决问题的能力,为今后的模具设计与制造的理论课、实践课学习和工作奠定基础。

2. 冷冲压模拆装与测绘的任务

(1) 按要求正确拆卸模具。

(2) 测画模具非标准件零件草图。非标准件包括:凸模、凹模、凸凹模、固定板、卸料板、垫板、侧刃及侧刃挡料(始用挡料、固定挡料)、导料板、承料板、模柄、推板、打板、上下模座等。

(3) 按拆卸过程的逆顺序重装模具。

(4) 绘制模具零件图和装配图。

3. 注意事项

(1) 不准用铁榔头直接敲打模具,防止模具零件变形。

(2) 分开模具前要将各零件的连接关系做好标记。

(3) 上下模座的导柱、导套尽量不要拆开,否则不易还原。

(4) 绘制模具装配图时,应打开上模,绘制下模的俯视图。装配图的右上角为冲件工序图,工序图的下边为排样图。

4. 实训准备

实训前应做好相应的准备工作,具体过程如下。

1) 准备工具与材料

内六角扳手、活口扳手、钢丝钳、十字和一字螺丝刀、$\phi 35 \times 250$ 紫铜棒、$1/2''\times 300$ 镀锌水管、手锤(1.5lb)、$\phi 6 \times 100$ 及 $\phi 8 \times 100$ 顶杆或销钉、2 m 卷尺、150 mm 游标卡尺、清洗箱、塑料盒(盛装零件用)、煤油、油石。

指定专人领用并清点工具,了解工具的使用方法与使用要求。

2) 准备模具

拆装的模具类型应有:①单工序冲孔模和落料模;②正装和倒装复合模;③弯曲模;

④拉深模；⑤成型模；⑥级进模。

3)　准备绘图工具

熟悉实训要求，复习有关标准和理论知识，详细阅读本指导。实训时带齐绘图仪器和纸、笔等文具用品。

4)　小组人员分工

按班级人员多少分为若干组，每组 5 人左右并指定组长，分工负责拆卸、观察、测量、记录、绘图等工作。当模具类型和数量不够时，各组轮流拆装同一套模具。

5. 冲压模具的拆卸过程

在拆卸冲压模具的过程中应遵循一定的步骤和顺序。

1)　了解、分析模具结构

拆卸前对需要拆卸的模具进行观察、分析，了解其用途、结构特点、工作原理以及各零件之间的装配关系、紧固方法、相对位置和拆卸方法，并按钳工的基本操作方法进行，以免损坏模具零件。

2)　拆卸时的注意事项

(1)　拆卸前，应先测量一些重要尺寸，如模具外形：长×宽×高。为了能把拆散的模具零件装配复原和便于画出装配图，在拆卸过程中，各零件及其相对位置应做好标记，并保存好原始记录，以免安装时搞错方向。

(2)　在拆卸过程中，切忌损坏模具零件，对老师指出不能拆卸的部位，不能强行拆卸。对少量损伤的零件应及时修复，严重损坏的零件应更换。不准用铁锤直接敲打模具，以防模具零件变形。

(3)　上、下模的导柱和导套不要拆下，否则不易还原。

(4)　用塑料盒或铁盒把所拆零件按顺序放好，以便装模时找到。对于拆下的上、下模座板和固定板等零件务必放置稳当，防止滑落、倾倒砸伤人而出现事故，特别是大型的冲压模具更要注意这一点。

3)　拆卸顺序

(1)　把模具翻转，基准面朝下放在平台上。

(2)　打开上、下模。用紫铜棒向模具分离方向打击导柱、导套附近的模板。开模时，上下模要平行，严禁在模具歪斜情况下猛打。大型模具要水平放置即保持模具在设备上的使用状态，用方木或平行垫铁垫在模具下面，需用起重设备吊起上模，用铜棒打击下模(导柱、导套附近的模板)，保证平行分开上、下模，避免斜拉损坏导柱、导套和其他模具零件。

(3)　拆开下模。

①　由下模座底面向凹模方向打出全部销钉，用内六角扳手卸下凹模紧固螺钉和卸料螺钉，分开凹模、卸料板和下模座。

②　卸下导料板螺钉和销钉，使导料板与凹模分开。若凹模是镶拼结构，应首先拆出紧固凹模的内六角螺栓，拆卸时用平行垫铁垫起固定板两侧，垫铁尽量靠近凹模外边缘，以减小力臂。用铜棒打出凹模，凹模受力要均匀，禁止在歪斜情况下强行打出，保证凹模和固定板完好不变形。

（4） 拆开上模。

① 如果是螺钉固定式模柄，先拆下螺钉和销钉，再分离模柄和上模座；如果是嵌入式模柄，需拆出上模座后再用紫铜棒打出。

② 用内六角扳手卸下卸料螺钉，取下卸料弹簧(或卸料橡胶)和卸料板。

③ 由上模座顶面向固定板方向打出销钉，用内六角扳手卸下螺钉，分开上模座、上垫板、固定板。

④ 用紫铜棒将凸模从固定板中打出。

6. 草绘零件

测量上模、下模各零件并绘制草图。组成模具的每种零件，除标准件外，都应画出草图，包括凸模、凹模、凸凹模、固定板、顶料板和卸料板等主要工作零件，各关联零件之间的尺寸要协调一致。对于标准件，只要测量出其规格尺寸，查有关标准后列表记录即可。

7. 组装模具

冲压模的装配顺序是按照拆卸模具记录的逆顺序进行的。

1) 上(凸)模的安装

（1） 用游标卡尺测量凸模固定直径和固定板孔径尺寸，防止凸模装错位置。用铜棒把凸模打入凸模固定板对应的孔中，保证凸模底部与固定板相平。

（2） 把固定板、上垫板、上模座按照拆卸时所做的标记合拢，对正销钉孔，打入销钉，然后用内六角螺栓紧固。M8 以上的螺栓需用加力杆(4 分水管)来拧紧。

（3） 安装卸料板，紧固卸料螺钉，保证卸料板工作面高出凸模 1～1.2 mm。

（4） 安装模柄，打入销钉，紧固螺栓，禁止装不上时强行装入。

2) 下(凹)模的安装

（1） 若凹模是镶拼结构，应先把凹模装入固定板，再用平行垫铁垫起固定板两侧，垫铁尽量靠近固定板孔边，以减小力臂。用铜棒打入凹模，凹模受力要均匀，禁止在歪斜情况下强行打入，保证凹模和固定板完好不变形，装入后的凹模两底面应与固定板相平。凹模中若有卸料块，装配前应把卸料块放入凹模中。将固定板或凹模（整体结构)按照工作位置放在下模座上，对正销钉孔，打入销钉，紧固螺栓。

（2） 安装导料板，打入销钉，紧固螺栓。

（3） 倒装复合模中凸凹模卸料板工作平面，安装时应高出凸凹模 1～1.2 mm。

（4） 正装复合模凹模由下顶出装置，按拆卸的逆顺序装好相关模具零件。

3) 上、下模合模

合模前，导柱、导套需加机油润滑。合模时，上、下模应处于工作状态，即上模在上，下模在下，中间加等高垫铁或方木，防止合模到位后引起冲击。上、下模要平行，导柱、导套要顺滑，用铜棒轻击即可自动合拢，禁止在上、下模歪斜情况下强行合模。

8. 绘制模具装配图

一张完整的装配图应包括下列内容。

1)　两组图形

一组用来表示模具装配体的结构形状、工作原理、各零件的装配和连接关系以及零件的主要结构形式；另一组表示模具所生产的制件形状和尺寸、公差。

2)　必要的尺寸

在装配图上标出模具的长、宽、高尺寸。

3)　技术要求

用符号或文字注明模具在装配、检验、调试、使用等方面应达到的技术要求。

(1)　装配要求，是指装配过程中应注意的事项和装配后应达到的技术要求。

(2)　使用要求，是指对模具的性能、维护、保养、使用注意事项的说明。

4)　序号、明细表和标题栏

为便于阅读模具装配图和生产过程的图纸、技术文件管理、标准件采购、生产过程控制，装配图中各零件必须填写序号、图号、标题栏和明细表。

在绘制模具装配图时，如果图纸幅面不够大，在一张图纸上画不下所有内容，那么制件图和明细表可另外画出。

9. 绘制模具零件图

模具零件图应包括模具零件公差、表面粗糙度，注明零件名称、材料和必要的热处理等技术要求。

9.2　塑料模具拆装与测绘实训指导书

1. 实训的目的和意义

(1)　通过塑料模具拆装实训，了解典型塑料模具的结构和工作原理。

(2)　了解组成塑料模具的零件名称及其作用、结构及常用材料和一般热处理要求。

(3)　熟悉各零件之间的装配关系、装配顺序、装配方法和装配工具的使用。

(4)　通过这一实践环节，增强学生的感性认识，锻炼学生的实践动手能力，提高分析问题和解决问题的能力，为今后的学习和工作奠定实践基础。

2. 实训任务

(1)　按要求正确拆卸模具。

(2)　测画模具非标准件的零件草图。

(3)　按拆卸过程的逆顺序重装模具。

(4)　画模具零件图和装配图。

3. 注意事项

(1)　不准用铁榔头直接敲打模具，以防模具零件变形。

(2)　分开模具前要将各零件的连接关系做好标记。

(3)　绘制模具装配图时，应打开模具，绘制动模部分的俯视图，装配图的右上角为塑料零件图。

4. 实训准备

1) 准备工具与材料

内六角扳手、活口扳手、钢丝钳、十字和一字螺丝刀、$\phi 35\times250$ 紫铜棒、$1/2''\times300$ 镀锌水管、手锤(1.5lb)、$\phi 6\times100$ 及 $\phi 8\times100$ 顶杆或销钉、2 m 卷尺、150 mm 游标卡尺、清洗箱、塑料盒(盛装零件用)、煤油、油石。

指定专人负责领用并清点工具，了解工具的使用方法和使用要求。

2) 准备拆卸的模具

拆装的模具类型应有：①塑料注射模，包括具有侧浇口和潜伏式浇口的单分型面模，点浇口的双分型面注射模，斜导柱侧向分型与抽芯注射模，斜滑块侧向分型与抽芯注射模各一至数套；②压缩模、压注模各 1~2 套。

3) 准备绘图文具

熟悉实训要求，复习有关标准和理论知识，详细阅读本指导。实训时带齐绘图仪器和纸、笔等文具用品。

4) 小组人员分工

按班级人员多少分为若干组，每组 5 人左右并指定组长，分工负责拆卸、观察、测量、记录、绘图等工作。当模具类型和数量不够时，各组轮流拆装同一套模具。

5. 实训步骤

1) 模具的外部清理与观察

仔细清理模具外观的尘土与油渍，并仔细观察典型塑料模具外观；记住各类零部件的结构特征及其名称，明确它们的安装位置、安装方向(位)；明确各零部件的位置关系及其工作特点。

2) 模具的拆卸

(1) 首先要拆出模具锁板(在模具搬运和吊装时，为防止动、定模自动分离而发生事故，常用锁板把动、定模固定在一起)和冷却水嘴。若是三板模且定距拉板(杆)在模外的，要拆出定距拉板。

(2) 把动模和定模分开。

(3) 动模部分的拆卸顺序。

紧固螺钉、销钉、推管内型芯顶丝→动模座板→垫块(模脚)→推板上的紧固螺钉→推板→推杆、拉料杆、推管→推杆固定板→支承板→动模板或顶出板→动模型芯→导柱。

(4) 定模部分的拆卸顺序。

定位圈紧固螺钉→定位圈→定模座板上的紧固螺钉→定模座板→定模板→浇口套→导套(是热流道结构的，要小心地把热流道系统从模具内拆出，避免损坏加热元件和热传感器)。

(5) 用煤油、柴油或汽油，将拆卸下来的零件上的油污、轻微的铁锈或附着的其他杂质擦拭干净，并按要求有序存放。对拆下的每个零件进行观察、测量并作记录，避免在组装时出现错误或漏装零件。

3) 拆卸时的注意事项

(1) 正确使用拆卸工具和测量量具，拆卸配合件时，针对不同配合关系的零件可采用拍打、压出等不同的方法。注意受力要均衡，不可盲目用力敲打，严禁用铁榔头直接敲打模具。

(2) 不可拆卸零件和不易拆卸的零件不要拆卸，拆卸遇到困难时要分析原因，并请教指导老师，不放过问题。

(3) 拆卸过程中要特别注意自身安全，不损坏模具、工具。遵守课堂纪律，服从老师的安排。

4) 草绘零件图

塑料模的组成零件按用途可分为 3 类：成型零件、结构零件和导向零件。观察各类零部件的结构特征，并记住名称。

(1) 成型零件：凹模、凸模、型芯、螺纹型芯、螺纹型环等。

(2) 结构零件：动模座板、垫块、推板、推杆固定板、动模板、定模板、定模座板、浇口套、推杆、推管、复位杆等。

(3) 导向零件：导柱、导套、小导柱、小导套、导轨、滑块等。

测量各零件尺寸，并进行粗糙度估计，配合精度测估，画出零件图，标注尺寸公差。

5) 模具的装配

(1) 装配前，先检查各类零件是否清洁，有无划伤等，如有划伤或毛刺(特别是成型零件)，应用油石油平整。

(2) 拟定装配顺序。装配顺序是按照拆卸的逆顺序进行的，即先拆的零件后装，后拆的零件先装。

(3) 动模部分的装配。将凸模型芯、导柱等装入动模板，将支承板与动模板的基面对齐。将装有小导套的推杆固定板套入装在支承板的小导柱上，将推杆和复位杆穿入推杆固定板、支承板和动模板。然后盖上推板，用螺钉拧紧，再将动模座板、垫块、支承板用螺钉与动模板紧固连接。最后安装水嘴。

动模的安装要点如下。

① 导柱装入动模板时，应注意拆卸时所做的记号，避免方位装错，以免导柱或定模上的导套不能正常装入。

② 推杆、复位杆在装配后，应动作灵活，尽量避免磨损。

③ 推杆固定板与推板需有导向装置和复位支承。

(4) 定模部分的装配。将导套和凹模镶件装入到定模板内，将浇口套装入到定模座板上，是热流道结构的，要小心地把热流道系统装入模具内，再用螺钉将定模板与定模座板紧固连接起来，然后将定位圈用螺钉连接在定模座板上。最后安装水嘴。

(5) 动模在下，定模在上，按标记把动、定模合模，保证导柱、导套顺滑无卡阻现象。用螺栓和锁板把动、定模锁紧，确保在搬运和使用吊装过程中的安全。

(6) 检查装配后的模具与拆卸前是否一致，是否有装错或漏装现象。

6) 绘制模具装配图

一张完整的装配图应包括下列内容。

(1) 两组图形。

一组用来表示模具装配体的结构形状、工作原理、各零件的装配和连接关系以及零件的主要结构形式；另一组表示模具所生产的制件形状和尺寸、公差。

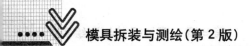

(2) 必要的尺寸。

在装配图上标出模具的长、宽、高尺寸。

(3) 技术要求。

用符号或文字注明模具在装配、检验、调试、使用等方面应达到的技术要求。

① 装配要求，是指装配过程中应注意的事项及装配后应达到的技术要求。

② 使用要求，是指对模具的性能、维护、保养、使用注意事项的说明。

(4) 序号、明细表和标题栏。

为便于阅读模具装配图和生产过程的图纸、技术文件管理、标准件采购、生产过程控制，装配图中各零件必须填写序号、图号、标题栏和明细表。

在绘制模具装配图时，如果图纸幅面不够大，在一张图纸上画不下所有内容，那么制件图和明细表可另外画出。

7) 绘制模具零件图

模具零件图应包括模具零件公差、表面粗糙度，注明零件名称、材料和必要的热处理等技术要求。

9.3 模具拆装与测绘实训报告

冲压(塑料)模具拆装与测绘实训报告
年　　　　月　　　　日

姓名＿＿＿＿＿＿＿＿同组者＿＿＿＿＿＿＿＿＿＿＿＿指导教师＿＿＿＿＿＿＿＿＿

模具类型＿＿＿＿＿＿＿＿＿＿模具名称＿＿＿＿＿＿＿＿＿＿＿＿＿

1. 分别绘制一套冲压模具、塑料模具零件和装配结构草图，另附页。

2. 分别绘制一套冲压模具、塑料模具零件和装配结构正规图，另附页。

3. 简述所拆装模具的顺序和该模具的工作原理。

4. 对冲压模具、塑料模具拆装实训的体会与收获进行总结，要求字数在 1000 字以上。

参 考 文 献

[1] 彭建省，吴成明. 简明模具工实用手册[M]. 北京：机械工业出版社，2003.

[2] 全燕鸣，费修莹. 金工实训[M]. 北京：机械工业出版社，2005.

[3] 祝燮权. 实用五金手册[M]. 上海：上海科学技术出版社，2006.

[4] 欧阳红. 模具安装调试及维修[M]. 北京：中国劳动社会保障出版社，2006.

[5] 王树勋. 冷冲压工艺与模具设计[M]. 北京：电子工业出版社，2009.

[6] 杨海鹏. 模具设计与制造实训教程[M]. 北京：清华大学出版社，2011.

[7] 杨海鹏. 塑料成型工艺与模具设计[M]. 北京：北京大学出版社，2013.

[8] 杨海鹏. 金属材料与热处理[M]. 北京：化学工业出版社，2014.